电工电子类基本课程系列教材

新编单片机技术应用

项目教程（第2版）

张 明 金 杰 主 编

电子工业出版社.

Publishing House of Electronics Industry

北京·BEIJING

内 容 简 介

本教材按照单片机技术教学大纲，将所要求掌握的基本知识和理论分解成若干个项目，这些项目主要包括：认识单片机及其开发工具、制作单片机输出控制电路、制作点阵显示电路、制作 LED 数码计数牌、制作地震报警器、制作数字时钟、制作数字电压表、制作单片机和 PC 串行口收发电路八个项目。涵盖的理论知识包括单片机内部存储器、输入/输出接口、中断系统、定时器/计数器、A/D 转换、串行接口等内容。

本教材适用于电工电子、机电、电气自动化、通信、工业工程、仪器仪表等专业。

为了方便教师教学，本书还配有电子教学参考资料包（包括教学指南、电子教案以及 C 语言和汇编语言的程序源代码），详见前言。

未经许可，不得以任何方式复制或抄袭本书之部分或全部内容。

版权所有，侵权必究。

图书在版编目（CIP）数据

新编单片机技术应用项目教程 / 张明，金杰主编. —2 版. —北京：电子工业出版社，2016.8
ISBN 978-7-121-29664-2

Ⅰ. ①新…　Ⅱ. ①张…　②金…　Ⅲ. ①单片微型计算机－教材　Ⅳ. ①TP368.1

中国版本图书馆 CIP 数据核字（2016）第 187464 号

策划编辑：杨宏利　　　投稿微信：nmyhl678
责任编辑：杨宏利　　　特约编辑：李淑寒
印　　刷：北京捷迅佳彩印刷有限公司
装　　订：北京捷迅佳彩印刷有限公司
出版发行：电子工业出版社
　　　　　北京市海淀区万寿路 173 信箱　邮编　100036
开　　本：787×1 092　1/16　印张：15　字数：384 千字
版　　次：2010 年 1 月第 1 版
　　　　　2016 年 8 月第 2 版
印　　次：2024 年 8 月第 10 次印刷
定　　价：33.00 元

凡所购买电子工业出版社图书有缺损问题，请向购买书店调换。若书店售缺，请与本社发行部联系，联系及邮购电话：（010）88254888，88258888。

质量投诉请发邮件至 zlts@phei.com.cn，盗版侵权举报请发邮件至 dbqq@phei.com.cn。

本书咨询联系方式：电子邮箱 yhl@phei.com.cn，微信号 nmyhl678，微博昵称 利 Hailee。

前　言

20 世纪 70 年代以来，单片机技术带来了电子技术的革命。单片机以其高可靠性、高性价比、设计灵活等特点广泛应用于仪器仪表、家用电器、医用设备、航空航天等各种产品中。可以说，在我们周围的电子、电气产品中，单片机无处不在。

单片机课程是各层次电类专业重要的基础课程，是很有价值、实践性很强又很有趣味性的一门课程。由于单片机是集硬件使用与软件编程为一体的学科，因此要求学生既要有较好的电子技术知识，又要有一定的逻辑思维能力。

本教材在内容组织、结构编排及表达方式等方面都做出了重大改革，以强调"基本功"为基调，通过做项目学习理论知识，通过学习理论知识指导实训，充分体现理论和实践的结合。本教材强调"先做再学，边做边学"，使学生能够快速入门，把学习单片机变得轻松愉快，越学越想学。

本书共有八个项目，分别是认识单片机及其开发工具、制作单片机输出控制电路、制作点阵显示电路、制作 LED 数码计数牌、制作地震报警器、制作数字时钟、制作数字电压表、制作单片机和 PC 串行口收发电路八个项目。涵盖的理论知识包括单片机内部存储器、输入/输出接口、中断系统、定时器/计数器、串行接口等内容。

在项目的选择上，本教材充分考虑各学校教学设备的状况，具有实验材料易得、制作容易、由浅及深、实用性强等特点。在实施过程中，既可以使用万能实验板制作，也可以在已有的实验板、实验箱或实验台上完成。

本书由沈阳大学张明和郑州市电子信息工程学校金杰任主编，金杰负责全书统稿。张明编写项目一、项目三、项目四、项目五、项目六、项目七、项目八、附录 B；金杰编写项目二、附录 A、附录 C；学时分配参考表如下所示，在实施中任课教师可以根据具体情况适当调整和取舍。

学时分配参考表

序　号	内　容	学　时
项目一	认识单片机及其开发工具	8
项目二	制作单片机输出控制电路	16
项目三	制作点阵显示电路	8
项目四	制作 LED 数码计数牌	10
项目五	制作地震报警器	6
项目六	制作数字时钟	12
项目七	制作数字电压表	12
*项目八	制作单片机和 PC 串行口收发电路	10
总学时数		82

由于作者水平有限，书中难免存在错误和不妥之处，恳请读者批评指正。

　　为了方便教师教学，本书还配有教学指南、电子教案以及 C 语言和汇编语言的程序源代码。请有此需要的教师登录华信教育资源网（www.hxedu.com.cn）免费注册后再进行下载，有问题时请在网站留言板留言或与电子工业出版社联系（E-mail:yhl@phei.com.cn）。

编　者

2016 年 06 月

目 录

认识单片机及其开发工具

随着科技的发展，单片机渗透到我们生活的各个领域，几乎所用的电子和机械产品中都集成有单片机，例如，家用电器、电子玩具、计算机，以及鼠标等计算机配件中都配有单片机。复杂的工业控制系统中有数百台单片机同时工作。因此，单片机的学习、开发与应用显得尤为重要。

 知识目标

1. 了解单片机的基本结构。
2. 掌握单片机中的数制。
3. 熟悉单片机最小应用系统的组成。

 技能目标

1. 掌握 MCS-51 单片机的外部引脚及其功能。
2. 了解单片机开发系统的常用工具。
3. 掌握 Keil C 开发软件的安装与使用方法。

任务一　认识单片机

在开始学习单片机之前，让我们首先来认识一下单片机，了解单片机的基本结构、引脚及功能，并搭建一个单片机的最小应用系统。

 基础知识

一、生活中的单片机

单片机可以广泛应用在我们日常生活的各个领域，家用电器是单片机应用最多的领域之一。由于家用电器体积小、品种多、功能差异大，因而要求其控制器不但体积要小，而且能够嵌入家用电器中，同时要求控制器有灵活的控制功能。单片机以微小的体积和编程的灵活性成为家用电器实现智能化的心脏和大脑。为了使读者能够对单片机有初步的了解，下面以洗衣机为例，扼要介绍单片机在家用电器中的应用。

对于一台全自动洗衣机，一般要求具有以下基本功能。

（1）弱、强洗涤功能。强洗时，正、反转驱动时间均为 4s，间歇 1s；弱洗时，正、反转驱动时间均为 3s，间歇 2s。

（2）3 种洗衣工作程序，即标准程序、经济程序和排水程序。标准程序为进水—洗涤—漂洗—洗涤—脱水，此过程循环 3 次，经济程序与标准程序一样，只是经济程序循环 2 次。排水程序为排水—脱水—结束。

（3）进、排水系统故障自动诊断功能。洗衣机在进水或排水过程中，如果在一定的时间范围内进水或排水未能达到预定的水位，就说明进、排水系统有故障，此故障由控制系统监测并通过警告程序发出警告信号，提醒操作者进行人工排除。

（4）脱水期间安全保护和防振动功能。洗衣机脱水期间，如果打开机盖时，洗衣机就会自动停止脱水操作。脱水期间，如果出现衣物缠绕引起脱水桶重心偏移而不平衡，洗衣机也会自动停止脱水，以免振动过大，等待人工处理后恢复工作。

（5）间歇驱动方式。脱水期间采取间歇驱动方式，能够节能。间歇期间靠惯性力使脱水桶保持高速旋转。

（6）暂停功能。不管洗衣机工作在什么状态，当按下暂停键时，洗衣机暂停工作，待启动键按下后，洗衣机又能够按照原来所选择的工作方式继续工作。

（7）声、光显示功能。洗衣机各种工作方式的选择和各种工作状态均有声、光提示和显示。

洗衣机的上述功能能够通过编写单片机程序控制相应的外围集成电路和元器件来实现。例如，Atmel 公司生产的 AT89S51 单片机，内含 4KB 的 Flash 存储器，128B RAM，4 个 8 位并行 I/O 口，5 个中断源，2 个定时器/计数器，能够满足设计程序的需要。洗衣机强、弱洗涤时，电动机的正、反转时间及间歇时间可以通过设定单片机的定时器来实现，洗衣机的暂停功能、安全保护及防振动功能均采用中断处理方式，声、光显示功能可以通过单片机的 I/O 口输出，洗衣机的 3 种洗衣程序可以通过分支程序来选择。当然要实现洗衣机的全部功能需要周密地编写程序，具体的程序设计这里就不再详述了。

二、单片机中的数制

1. 数制

所谓数制，就是人们利用符号计数的一种科学方法。在日常生活中，采用的计数方法是十进制数，而计算机内部通过电位的高低来表示数码 0 和 1，计算机只能使用二进制数计数方法，而在编写程序时采用十六进制数计数方法。

（1）十进制数（Decimal Number）

十进制数是采用 0、1、2、3、4、5、6、7、8、9 十个不同的数码来表示任何一位数，遵循"逢十进一"的进位规律。

例：$(851.92)_{10} = 8 \times 10^2 + 5 \times 10^1 + 1 \times 10^0 + 9 \times 10^{-1} + 2 \times 10^{-2}$

（2）二进制数（Binary Number）

二进制数用两个数码 0 和 1 表示，遵循"逢二进一"的进位规律。

例：$(101.01)_2 = 1 \times 2^2 + 0 \times 2^1 + 1 \times 2^0 + 0 \times 2^{-1} + 1 \times 2^{-2}$

（3）十六进制数（Hexadecimal Number）

十六进制数有 0、1、2、3、4、5、6、7、8、9、A、B、C、D、E、F 共十六个数码，基数为 16，遵循"逢十六进一"的进位规律。

例：$(4FA)_{16} = 4 \times 16^2 + F \times 16^1 + A \times 16^0 = 4 \times 16^2 + 15 \times 16^1 + 10 \times 16^0$

2. 数制之间的相互转换

由于二进制数码冗长，且书写和阅读都不方便，因而在编写程序，以及向计算机输入数据时，仍然采用十进制或十六进制数，由计算机将其转换为二进制数后进行处理，处理结果再转换成十进制数输出。因此在学习计算机时，需要熟练掌握各种数制之间的转换。

（1）二进制数、十六进制数转换为十进制数

转换方法是将二进制数、十六进制数按权展开，写成多项式的形式，再把每一项的值　相加。

例：将二进制数（1110.10）$_2$ 转化为十进制数。

$(1101.10)_2 = 1 \times 2^3 + 1 \times 2^2 + 0 \times 2^1 + 1 \times 2^0 + 1 \times 2^{-1} + 0 \times 2^{-2} = (13.5)_{10}$

例：将十六进制数（5A.8）H 转化为十进制数。

$(5A.8)_H = 5 \times 16^1 + 10 \times 16^0 + 8 \times 16^{-1} = (90.5)_{10}$

（2）十进制数转换为二进制数

转换方法是把十进制数分为小数部分和整数部分，整数部分采用"除 2 取余"的方法，然后将所有余数按照从后到前的顺序排列；小数部分采用"乘 2 取整"的方法，将所有取出的整数按照顺序排列。

例：将十进制数（16.125）$_D$ 转换为二进制数。

$(16.125)_D = (1\,0000.001)_2$

（3）二进制数与十六进制数之间的相互转换

十六进制数转换为二进制数时，将二进制数的整数部分自右向左每 4 位一组，不足 4 位的在左面用零补足；小数部分自左向右每 4 位一组，不足 4 位的在右面补零。反之，将十六进制数转换为二进制数时，只需要把每一位十六进制数写成对应的 4 位二进制数即可。

例：将二进制数（111 1101 1000 1011）$_2$ 转换为十六进制数。

$(111\ 1101\ 1000\ 1011)_2 = (7D8B)_{16}$

例：将十六进制数（3F9）$_{16}$ 转换为二进制数。

（3F9）$_{16}$=（11 1111 1001）$_2$

三、MCS-51 单片机简介

单片机的典型代表是 Intel 公司于 1980 年推出的 MCS-51 系列单片机，典型产品有 8031（内部没有程序存储器）、8051（芯片采用 HMOS，功耗 630mW 是 89C51 的 5 倍）和 8751 等通用产品，实际使用中 8031 和 8051 已经被市场淘汰。目前，以 MCS-51 技术核心为主导的单片机成为世界上许多厂家和电气公司竞相选用的对象，以此为基核，推出很多与 MCS-51 有极好兼容性的 CHMOS 单片机，同时增加了新的功能。例如，Atmel 公司推出的 AT89CXX 系列单片机，PHILIPS 公司推出的系列单片机，Silicon 公司推出的 C8051Fxxx 单片机等。

其中，Atmel 公司生产的 AT89C51、AT89S51 系列单片机，增加了许多特性，如时钟，以及由 Flash（程序存储器的内容至少可以改写 1000 次）存储器替代了 ROM（一次性写入），尤其是 AT89S51 支持 ISP（在线更新程序）功能，性能优越，成为市场占有率最大的产品。AT89SXX 可以向下兼容 AT89CXX 等 51 系列单片机。

ATMEL 系列单片机如表 1-1 所示。

表 1-1 ATMEL 系列单片机

型 号	程序存储器	数据存储器	是否支持 ISP	最高频率	内部看门狗
AT89C51	4KB Flash	128B	否	24MHz	无
AT89C52	8KB Flash	256B	否	24MHz	无
AT89S51	4KB Flash	128B	是	33MHz	有
AT89S52	8KB Flash	256B	是	33MHz	有

1. MCS-51 单片机的基本结构

MCS-51 单片机是把 CPU、RAM、ROM、定时器/计数器和多种功能的 I/O 接口等功能模块集成在一块芯片上所构成的微型计算机，MCS-51 单片机结构框图如图 1-1 所示。

（1）CPU：中央处理器简称 CPU，它是单片机的核心部件，由运算器和控制器等部件组成，能够完成各种运算和控制操作。

（2）存储器：MCS-51 单片机包括编程存储器 ROM 和数据存储器 RAM，它们的空间是互相独立的。

（3）定时器/计数器：MCS-51 单片机中包括 2 个 16 位定时器/计数器。它们既可以作为定时器，用于定时、延时控制；也可以作为计数器，用于对外部事件进行计数和检测等。

（4）并行 I/O 口：MCS-51 单片机共有 4 个 8 位并行 I/O 口（P0、P1、P2 和 P3），每一根 I/O 口线都可以独立地用做输入或者输出。

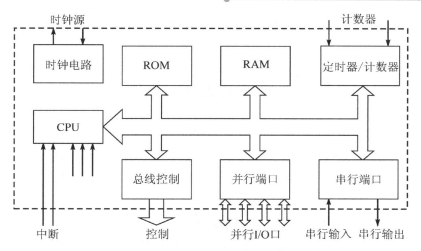

图 1-1 MCS-51 单片机结构框图

（5）串行 I/O 口：MCS-51 单片机采用通用异步工作方式的全双工串行通信接口，可以同时发送和接收数据。

（6）中断控制：MCS-51 单片机具有完善的中断控制系统，用于满足实时控制的需要，共有 5 个中断源、2 个中断优先级。

2．MCS-51 单片机的引脚及功能

各类型 MCS-51 系列单片机的端子相互兼容，用 HMOS 工艺制造的单片机大多采用 40 端子双列直插（DIP）封装，当然，不同芯片之间的端子功能会略有差异，用户在使用时应当注意。

AT89S51 单片机是高档 8 位单片机，但由于受到集成电路芯片引脚数目的限制，所以有许多引脚具有第二功能。AT89S51 的引脚和实物如图 1-2 所示。

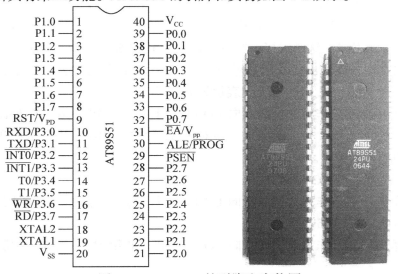

图 1-2 AT89S51 的引脚和实物图

AT89S51 的 40 个引脚大致可以分为电源、时钟、I/O 口、控制总线几个部分，各引脚功能如下。

（1）电源引脚（V_{CC} 和 V_{SS}）

V_{CC}：电源输入端。作为工作电源和编程校验。

V_{SS}：接共用地端。

（2）时钟振荡电路引脚（XTAL1 和 XTAL2）

在使用内部振荡电路时，XTAL1 和 XTAL2 用来外接石英晶体和微调电容，振荡频率为晶振频率，振荡信号送至内部时钟电路产生时钟脉冲信号。在使用外部时钟时，用于外接外部时钟源。

（3）控制信号引脚（RST/ V_{PD}，ALE/$\overline{PROG}$，$\overline{PSEN}$ 和 $\overline{EA}/V_{PP}$）

RST/ V_{PD}：RST 为复位信号输入端。当 RST 端保持两个机器周期以上的高电平时，单片机完成复位操作。V_{PD} 为内部 RAM 的备用电源输入端。当电源 Vcc 一旦断电或者电压降到一定值时，可以通过 V_{PD} 为单片机内部 RAM 提供电源，以保护片内 RAM 中的信息不丢失，且上电后能够继续正常运行。

ALE/$\overline{PROG}$：ALE 为地址锁存信号。访问外部存储器时，ALE 作为低 8 位地址锁存信号。$\overline{PROG}$ 为 8751 内部 EPROM 编程时的编程脉冲输入端。

$\overline{PSEN}$：外部程序存储器的读选通信号，当访问外部 ROM 时，$\overline{PSEN}$ 产生负脉冲作为外部 ROM 的选通信号。

$\overline{EA}/V_{PP}$：$\overline{EA}$ 为访问程序存储器的控制信号。当 $\overline{EA}$ 为低电平时，CPU 对 ROM 的访问限定在外部程序存储器；当 $\overline{EA}$ 为高电平时，CPU 对 ROM 的访问从内部 0 ~ 4KB 地址开始，并可以自动延至外部超过 4KB 的程序存储器。V_{PP} 为 8751 内 EPROM 编程的 21V 电源输入端。

（4）I/O 口引脚（P0、P1、P2 和 P3）

MCS-51 单片机有四个 8 位并行输入/输出接口，简称 I/O 口。P0、P1、P2 和 P3 口共计 32 根输入/输出线。这四个接口可以并行输入/输出 8 位数据，也可以按位使用，即每一位均能独立输入或输出。使用中每一个可表示为"口"名称加"."加位，如 P0 口的第 0 位表示为 P0.0，P2 口的第 5 位表示为 P2.5 等。

P0 口：第一功能是作为 8 位的双向 I/O 口使用，第二功能是在访问外部存储器时，分时提供低 8 位地址和 8 位双向数据。在对 8751 片内 EPROM 进行编程和校验时，P0 口用于数据的输入和输出。

P1 口：8 位准双向 I/O 口。

P2 口：第一功能是作为 8 位的双向 I/O 口使用，第二功能是在访问外部存储器时，输出高 8 位地址 A8 ~ A15。

P3 口：第一功能是作为 8 位的双向 I/O 口使用，在系统中，这 8 个引脚又具有各自的第二功能，如表 1-2 所示。

表 1-2 P3 口的第二功能

P3 口	第 二 功 能	功 能 含 义
P3.0	RXD	串行数据输入端
P3.1	TXD	串行数据输出端
P3.2	$\overline{INT0}$	外部中断 0 输入端
P3.3	$\overline{INT1}$	外部中断 1 输入端
P3.4	T0	定时器/计数器 T0 的外部输入端
P3.5	T1	定时器/计数器 T1 的外部输入端
P3.6	$\overline{WR}$	外部数据存储器写选通信号
P3.7	$\overline{RD}$	外部数据存储器读选通信号

 议一议

（1）试讨论在你的生活中，有哪些是有关单片机的应用？

（2）查阅各种单片机的说明手册，比较不同单片机机型之间的结构、引脚及功能，有何不同之处？

（3）查阅各种单片机的使用手册，讨论一下不同类型单片机使用之间的异同。

 基本技能

技能实训一 搭接单片机最小系统

实训目的

（1）掌握单片机最小系统的构成。

（2）掌握电源、时钟和复位电路的构成。

实训内容

单片机最小系统是指用最少的元件组成的单片机系统。一般包括单片机、晶振电路、复位电路等。最小系统结构简单、体积小、功耗低、成本低，在简单的应用系统中得以广泛应用。但在具体的应用系统中，最小系统往往不能满足要求，必须扩展相应的外围芯片以满足实际系统的要求。

AT89CXX 和 AT89SXX 系列单片机内部有 ROM/EPROM，在构成最小系统时，只需要外部扩展电源、时钟和复位电路。由于使用内部程序存储器，$\overline{EA}$ 接高电平。P0、P1、P2、P3 口均可用做 I/O 口。单片机最小系统如图 1-3 所示。

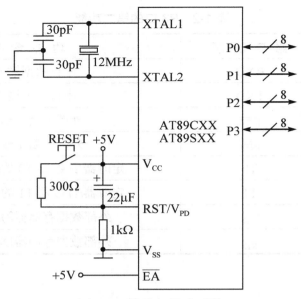

图 1-3　单片机最小系统

1．电源电路

实际使用中，将近一半的故障或制作失败都与电源有关，因而我们需要高度重视电源部分，只有电源部分做好才能保证电路的正常工作。单片机系统电源电路如图 1-4 所示，LED1 是电源指示灯，可以根据 LED1 来判断整个电源部分是否工作正常。

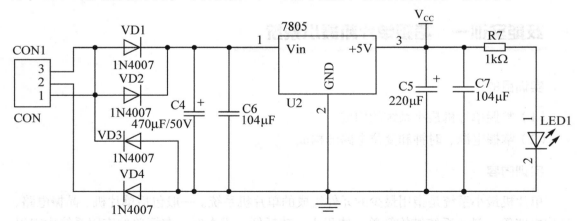

图 1-4　单片机系统电源电路

2．时钟电路

单片机内部每个部件之间协调一致地工作，必须在时钟信号的控制下进行。单片机内部有一个用于构成振荡器的高增益放大器，引脚 XTAL1 和 XTAL2 分别是此放大器的输入端和输出端，只需在片外接一个晶振便构成自激振荡器，为单片机系统提供时钟，如图 1-5 所示。

时钟电路中的电容一般取 30pF 左右，晶体的振荡频率范围是 1.2～24MHz。在通常情况下 MCS-51 单片机使用振荡频率为 6MHz 或 12MHz，在通信系统中则常用 11.0592MHz。

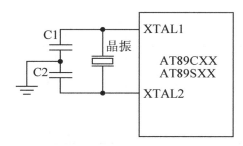

图 1-5　MCS-51 单片机的时钟电路

3．复位电路

复位是指使单片机内各寄存器的值变为初始状态。例如，复位后单片机会从程序的第一条指令运行，避免出现混乱。

单片机复位的条件：当 RST（9 脚）端出现高电平并保持两个机器周期以上时，单片机内部就会执行复位操作。复位包括上电复位和手动复位，如图 1-6 所示。上电复位是指在上电瞬间，RST 端和 V_{CC} 端电位相同，随着电容的充电，电容两端电压逐渐上升，RST 端电压逐渐下降，完成复位；手动复位是指在单片机运行中，按下 RESET 键，RST 端电位即为高电平，完成复位。

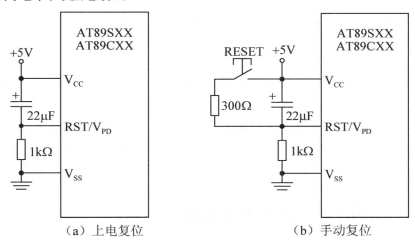

（a）上电复位　　　　　　　（b）手动复位

图 1-6　上电复位和手动复位

复位后，单片机进行初始化，PC=0000H，单片机从 0000H 单元开始执行程序。片内 RAM 为随机值，特殊功能寄存器复位后状态如表 1-3 所示。

表 1-3　寄存器复位状态

寄 存 器	复 位 值	寄 存 器	复 位 值
PC	0000H	ACC	00H
B	00H	PSW	00H
SP	07H	DPTR	0000H
P0 ~ P3	0FFH	IP	XXX00000
IE	0XX00000	TMOD	00H
TCON	00H	TL0/TL1	00H
TH0/TH1	00H	SCON	00H
SBUF	不定	PCON	0XXX0000

知识拓展

Flash 闪速存储器简介

Flash 闪速存储器（Flash Memory）是近年来发展很快的新型半导体存储器。它的主要特点是非易失性，即在掉电之后里面的存储数据不会丢失，并且在不加电的情况下能长期保持存储的信息。Flash 闪存中的数据删除不是以单个的字节为单位，而是以固定的区块为单位进行删除，区块大小一般为 256KB ~ 20MB。

Flash 闪存是电可擦除只读存储器（EEPROM）的变种，但是 Flash 闪存的数据更新速度比 EEPROM 快，所以被称为 Flash erase EEPROM，简称为 Flash Memory。

由于 Flash 闪存断电时仍能保存数据，因而通常被用来保存设置信息，例如，在电脑的 BIOS（基本输入/输出程序）、PDA（个人数字助理）、数码相机中保存资料等。实际应用中的 Flash 闪存主要分为 NOR 和 NAND 两种。NOR 有着较快的数据读取速度，但数据写入速度较慢，多用来存储操作系统等重要信息，NAND 的数据读取速度比 NOR 慢，但其容量大且数据写入速度却比 NOR 快得多，可以在线擦除，例如 U 盘。

Flash 闪存具有工作电压低、擦写速度快、功耗低、寿命长、价格低廉、控制方法灵活、体积小等优点。近年来，Flash 闪存在嵌入式系统代码存储和大容量数据存储领域中得到了广泛的应用。

任务二　认识单片机开发常用工具

单片机与通用计算机不同，通用计算机有完备的外围设备和丰富的软件支持，而单片机只是一种超大规模集成电路芯片，它本身缺乏自行开发和编程能力，所以必须借助于开发工具来开发它的应用，直到单片机能够完成所需要的功能为止。也就是说，单片机开发的目的就是研制出一个目标机，使其在硬件和软件上都达到设计的要求。

基础知识

单片机开发系统主要由主机、在线仿真器和通用编程器等组成，如图 1-7 所示，单片机开发系统包括通用型和专用型两种，通用型单片机开发系统配备有多种在线仿真头和相应的开发软件。使用时，只需要更换系统中的仿真头，就能够开发相应的单片机系统或可编程器件。专用型开发系统只能仿真一种类型的单片机。

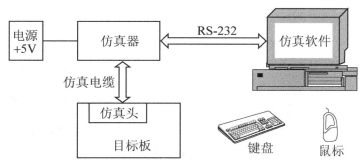

图 1-7　单片机开发系统组成框图

一、仿真器

所谓仿真，就是借助开发系统的资源"真实"地模拟目标机中的 ROM、RAM 和 I/O 端口等，由软件和硬件联合来实现对目标机的综合调试。

仿真器就是通过仿真软件的配合，用来模拟单片机运行并可以进行在线调试的工具。仿真器的一端连接计算机，另一端通过仿真头连接单片机目标板，其中计算机、仿真器和仿真头代替单片机在单片机目标板上演示出程序运行效果，具有直观性、实时性和调试效率高等优点。如图 1-8 所示为常见的仿真器。

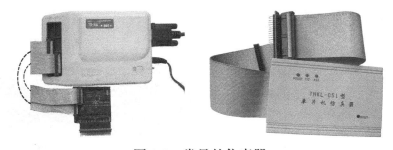

图 1-8　常见的仿真器

仿真器大多价格昂贵。由于单片机一般都可以反复烧写数千次，在学习单片机开发时，可以采用软件仿真，反复烧写、实验，达到调试的目的。

二、编程器

程序编写完成后经调试无误，就可以编译成十六进制或二进制机器代码，烧写入单片机的程序存储器中，以便单片机在目标电路板上运行。将十六进制或二进制机器代码烧写入单片机程序存储器中的设备称为编程器（俗称烧写器）。如图 1-9 所示为常见的编程器。

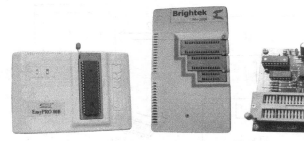

图 1-9　常见的编程器

三、ISP 下载线

ISP（In-System Programming）意为"在系统可编程"，是指修改单片机存储器内的程序时，不需要从目标板上取下存储器，放在编程器上烧写程序，可以直接编程写入最终用户程序，而已经编程的存储器也可以用 ISP 方式擦除或再编程。ISP 技术是未来的发展方向。

ISP 技术的优势是不需要编程器就可以进行单片机的实验和开发，单片机芯片可以直接焊接到电路板上，留出与上位机的接口，接收上位机传来的数据，就可以实现对单片机内部存储器的改写，免去了调试时由于频繁地插入取出芯片给芯片和电路板带来的不便。如图 1-10 所示为常见的 ISP 下载线。

（a）并行口下载线　　　　　　　　　　（b）USB 口下载线

图 1-10　常见的 ISP 下载线

四、Keil C 开发软件简介

单片机开发中除必要的硬件外，同样离不开软件，随着单片机开发技术的不断发展，从普遍使用汇编语言到逐渐使用高级语言开发，单片机的开发软件也在不断发展，Keil软件是美国 Keil Software 公司出品的 51 系列兼容单片机 C 语言软件开发系统，Keil C51软件是目前众多单片机应用开发的优秀软件之一，它集编辑，编译，仿真于一体，支持汇编，PLM 语言和 C 语言的程序设计，界面友好，易学易用。

Keil 提供了包括 C 编译器、宏汇编、连接器、库管理和一个功能强大的仿真调试器等在内的完整开发方案，通过一个集成开发环境（uVision）将这些部分组合在一起。掌握这一软件的使用对于使用 51 系列单片机的爱好者来说是十分必要的，其方便易用的集成环境、强大的软件仿真调试工具能够达到事半功倍的效果。

运行 Keil 软件需要 16MB RAM、20MB 硬盘空间。

议一议

（1）在开发可编程芯片时编程器起什么作用？

（2）查阅有关仿真器、编程器、ISP 下载线的资料，讨论如何掌握这三者的使用知识？

基本技能

技能实训二　Keil C 开发软件的安装和使用

实训目的

学会安装 Keil C 开发软件，并会使用。

实训内容

一、Keil C 开发软件的安装

（1）Keil C 软件对系统的要求

安装 Keil C 集成开发软件，必须有一个最基本的硬件环境和操作系统的支持，才能确保集成开发软件中编译器以及其他程序功能的正常，其最低要求为

① Pentium 或以上的 CPU；

② WIN98、NT、WIN2000、WINXP 等操作系统；

③ 至少 16MB 或更多 RAM；

④ 至少 20MB 以上空闲的硬盘空间。

从以上要求来看，现在任何一台个人计算机都能满足此安装要求。

（2）Keil C 软件的安装方法

Keil C 软件的安装方法很简单，只需要在该软件的 setup 目录下找到 setup.exe 文件，双击该软件的图标，进入安装界面，按照安装步骤完成即可。

二、Keil C 开发软件的使用

（1）联机。将单片机实验机与 PC 通过串行口连接，开机进入 Keil C51 软件。

进入 Keil C51 后，首先出现 Keil C51 的启动界面如图 1-11 所示，稍后出现 Keil C51 的编辑界面如图 1-12 所示。

图 1-11　Keil C51 的启动界面

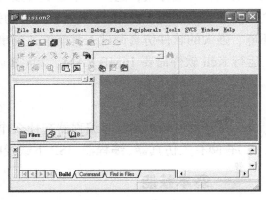

图 1-12　Keil C51 的编辑界面

（2）建立新工程。单击"Project"菜单，在弹出的下拉菜单中选中"New Project"选项，如图 1-13 所示。然后选择需要保存的路径，输入工程文件名，例如，保存到 c51 目录里，工程文件名为 c51，如图 1-14 所示，最后单击"保存"按钮。

图 1-13　"New Project"选项

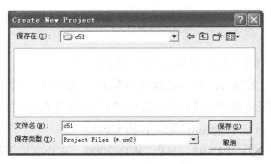

图 1-14　保存文件

（3）单片机选型。Keil C51 几乎支持所有 51 核的单片机，用户可以根据需要使用不同的单片机，如图 1-15 所示，选择 Atmel 的 AT89C52 之后，单击"确定"按钮。右边一栏是对此单片机的基本说明。选型完成后的界面如图 1-16 所示。

图 1-15　选择单片机的类型

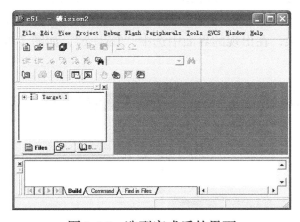

图 1-16　造型完成后的界面

（4）编写源程序。单击"File"菜单，在下拉菜单中单击"New"选项，出现 Keil C51 的启动界面如图 1-17 所示，此时，光标在编辑窗口里闪烁。在输入源程序之前，建议首先保存该空白的文件。单击"File"菜单，在下拉菜单中选中"Save As"选项，Keil C51 的编辑界面如图 1-18 所示，在"文件名"栏右侧的编辑框中输入文件名，同时必须输入正确的扩展名（如果用 C 语言编写程序，则扩展名为.c；如果用汇编语言编写程序，则扩展名必须为.asm。最后，单击"保存"按钮。

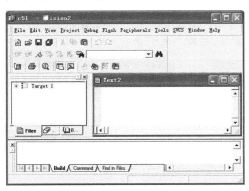

图 1-17　Keil C51 的启动界面

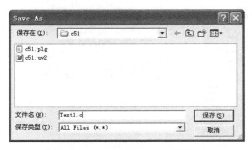

图 1-18　Keil C51 的编辑界面

（5）将程序添加到工程中。回到编辑界面，单击"Target 1"前的"＋"号，然后在"Source Group 1"上单击鼠标右键，弹出如图 1-19 所示的菜单。接着单击"Add Files to Group 'Source Group 1'"选项，在出现的界面中选中"Test1.c"，如图 1-20 所示，单击"Add"按钮。

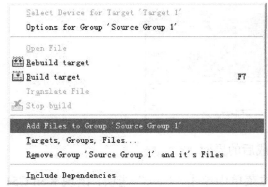

图 1-19　菜单　　　　　　　　　　　　　　　图 1-20　选中"Text1.c"

如图 1-21 所示，我们注意到在"Source Group 1"文件夹中添加一个子项"Text1.c"，子项的数目与所增加的源程序数目相同。

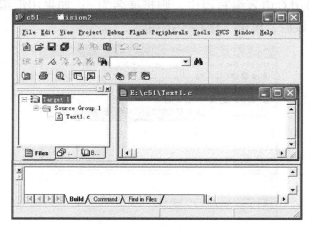

图 1-21　"Source Group 1"文件夹

（6）程序编译。单击"Project"菜单，在下拉菜单中单击"Build Target"选项，在Output窗口可以查看编译结果。若提示"0个错误、0个报警"，则说明编译正确。如果在编译、连接中出现错误，则可按照提示进行检查。

（7）程序调试。单击"Debug"菜单，在下拉菜单中单击"Go"选项，然后再单击"Debug"菜单，在下拉菜单中单击"Stop Running"选项；再单击"View"菜单，再在下拉菜单中单击"Serial Windows #1"选项，可以看到程序运行后的结果，如图1-22所示。

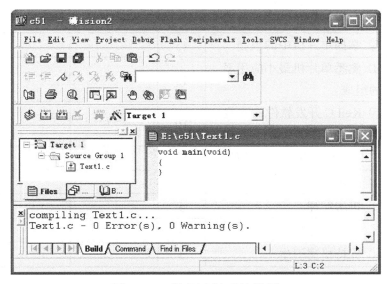

图1-22 程序运行后的结果

（8）将程序下载到单片机中。单击"Project"菜单，在下拉菜单中单击"Options for Target 'Target 1'"，出现界面，单击"Output"选项卡，选中"Create HEX File"选项，如图1-23所示，使程序编译后产生HEX代码，供下载器软件使用，把程序下载到单片机中。

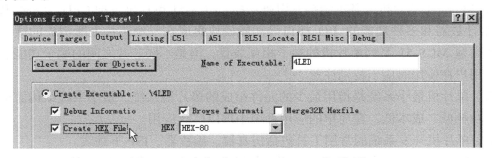

图1-23 选中"Create HEX File"选项

项目评价

项 目 检 测		分值	评分标准	学生自评	教师评估	项目总评
任务知识内容	① MCS-51 单片机的外部引脚及其功能	15				
	② 了解单片机开发系统的常用工具	15				
	③ 掌握单片机中的数制	15				
	④ 熟悉单片机最小应用系统的组成	15				
	⑤ Keil C 开发软件的安装与使用	10				
安全操作	正确使用 Keil C 仿真软件	10				
现场管理	① 出勤情况	5				
	② 机房纪律	5				
	③ 团队协作精神	5				
	④ 保持机房卫生	5				

项目小结

（1）由于日常生活中人们采用的计数方法与计算机的计数方法不同，因而需要了解单片机中的数制及数制之间的转换知识。

（2）MCS-51 单片机的基本结构及引脚功能。MCS-51 单片机是把 CPU、RAM、ROM、定时器/计数器和多种功能的 I/O 接口等功能模块集成在一块芯片上所构成的微型计算机。各类型 MCS-51 系列单片机的端子相互兼容，但是不同芯片之间的端子功能会略有差异，用户在使用时应当特别注意。

（3）单片机最小系统是指用最少的元件组成的单片机系统。最小系统结构简单、体积小、功耗低、成本低，在简单的应用系统中得以广泛应用。

（4）单片机开发系统的常用工具包括仿真器、编程器、ISP 下载线。

（5）Keil C 开发软件具有方便易用的集成环境、强大的软件仿真调试工具，熟练掌握此软件的使用方法是利用单片机进行产品开发的关键之一。

思考与练习

1. 将下列十进制数转换为二进制数、十六进制数。
 （1）32 　　　（2）128 　　　　　（3）35.125 　　　（4）256.625

2. 单片机的结构包括哪些功能模块?

3. AT89S51 单片机的引脚 ALE 和 $\overline{\text{PSEN}}$ 的功能各是什么?

4. MCS-51 单片机有几个 I/O 口? 各 I/O 口都有什么特性?

5. 什么是单片机的最小系统?

制作单片机输出控制电路

单片机输出控制电路是单片机应用系统中最基本、最简单的应用，在几乎所有的单片机系统中都要用到。制作单片机输出控制电路是学习单片机的重要一步，掌握其制作将对今后学习单片机具有重要意义。

 知识目标

1. 掌握常用的单片机的输出接口的电路形式及应用。
2. 掌握 MCS-51 单片机的内部硬件资源。
3. 理解并运用相关指令。

 技能目标

1. 掌握广告灯电路的制作。
2. 掌握音频控制电路的制作。
3. 掌握继电器控制电路的制作。
4. 掌握相应电路的程序编写。

任务一　点亮 LED 发光二极管

单片机的 I/O 口作为输出口，接 8 个 LED 发光二极管，通过编程实现发光二极管的点亮、闪烁和流水灯效果，并进一步制作交通灯控制电路。

 基本知识

一、MCS-51 单片机 I/O 口简介

如项目一所介绍的，MCS-51 系列单片机有 4 个 8 位并行输入/输出接口：P0 口、P1 口、P2 口和 P3 口，共计 32 根输入/输出线，作为与外部电路联络的引脚。这 4 个

接口可以并行输入或输出 8 位数据，也可以按位使用，即每 1 位均能独立作为输入或输出用。

当作为输出口时，可以以开关信号的形式驱动各种开关电路或设备。例如，发光二极管、继电器、蜂鸣器等，当然也可以通过相应电路驱动更多设备。

单片机有多种开关信号输入方式，其中，通过 I/O 引脚输入开关信号是常用的一种方式。当作为输入口时，必须先把端口置"1"，作为高阻输入。否则，如果此前曾经输出过数据"0"，输出引脚相当于接地，引脚上的电位就被钳位在低电平上，使输入高电平时得不到高电平，读入的数据是错误的，有可能烧坏端口。

如果把端口置"1"，可执行如下指令：

```
SETB P1.X              ;置位 P1.X（X 可以是 0 ~ 7）
MOV P1,#0FFH           ;将 P1 口全部置位
```

二、LED 接口电路

LED 发光二极管在几乎所有的单片机系统中都要用到，最常见的 LED 发光二极管主要有红色、绿色、蓝色等单色发光二极管，另外还有一种能发红色光和绿色光的双色二极管，如图 2-1 所示。

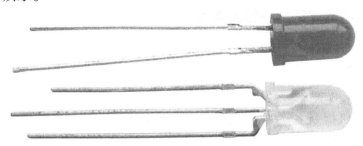

图 2-1　单色和双色 LED 发光二极管

驱动 LED，可分为低电平点亮和高电平点亮两种。由于 P1 ~ P3 口内部上拉电阻较大，约为 20 ~ 40kΩ，属于"弱上拉"，因此 P1 ~ P3 口引脚输出高电平电流 I_{OH} 很小（约为 30 ~ 60μA）。而输出低电平时，下拉 MOS 管导通，可吸收 1.6 ~ 15mA 的灌电流，负载能力较强。因此两种驱动 LED 的电路在结构上有较大差别。在如图 2-2（a）所示的电路中，对 VD1、VD2 的低电平驱动是可以的，而对 VD3、VD4 的高电平驱动是错误的，因为单片机提供不了点亮 LED 的输出电流。正确的高电平驱动电路如图 2-2（b）所示。

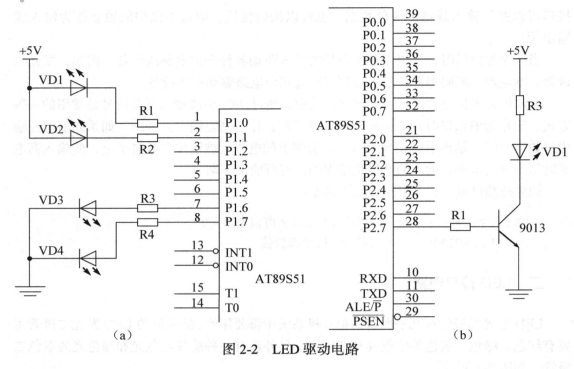

图 2-2　LED 驱动电路

三、汇编语言程序结构及相关指令

1．汇编语言程序结构

1）指令的基本格式

MCS-51 单片机指令主要由标号、操作码、操作数和注释 4 个部分组成，其中方括号括起来的是可选部分，可有可无，视需要而定。

START:	MOV	A, #7FH	;将立即数送累加器 A
[标号]	<操作码>	[操作数]	[注释]

（1）标号：指令的符号地址，有了标号，程序中的其他语句就可以访问该语句。有关标号的规定如下：

① 标号是由不超过 8 位的英文字母和数字组成的，但头一个字符必须是字母。

② 不能使用系统中已规定的符号，如 MOV、DPTR 等。

③ 标号后面必须有英文半角冒号（:）。

④ 同一个标号在一个程序中只能定义一次，不能重复定义。

（2）操作码：指明语句执行的操作内容，是以助记符表示的。

（3）操作数：用于给指令的操作提供数据或地址。在一条语句中，操作数可能有 0 个、1 个、2 个或者是 3 个，各操作数之间用英文半角逗号（,）隔开。

（4）注释：对语句的解释说明，提高程序的易读性。注释前必须加英文半角分号（；）。

2）汇编程序的基本结构

为了使程序结构清晰明了，方便修改、维护，一般可按以下结构书写程序。

```
                ORG  0000H          ;复位入口地址
                LJMP START          ;转移到程序初始化部分 START
                ORG  0003H          ;外部中断 0 的入口地址
                LJMP WAIBU0         ;转移到外部中断 0 的服务程序 WAIBU0
                ORG  000BH
                RETI
                ......
        START:  MOV  A,#7FH         ;初始化程序部分
                ......
        MAIN:   MOV  P1,A           ;主程序部分
                ......
                LJMP MAIN           ;循环执行主程序
        DELAY:  MOV  R0,#0FFH       ;子程序
                ......
                RET
        WAIBU0: PUSH A              ;中断服务程序
                ......
                RETI
```

① 复位入口地址。0000H 称为复位入口地址，因为系统复位后，单片机从 0000H 单元开始取指令执行程序，但实际上三个单元并不能存放任何完整的程序，使用时应当在复位入口地址存放一条无条件转移指令，如 LJMP START，以便转移到指定的程序执行（标号为 START 处）。

② 中断入口地址。一般在入口地址存放一条无条件转移指令，如 LJMP WAIBU0，而将实际的中断服务程序存放在后面的其他空间（标号为 WAIBU0 处）。

对于系统没有使用的中断源，可以不做任何处理，也可以放一条 RETI 指令，在误中断时直接返回，以增强抗干扰能力。

③ 初始化程序。初始化程序主要对一些特定的存储单元设置初始值或执行特定的功能，如开中断、设置计数初值等。该部分程序只在系统复位后执行一次，然后直接进入主程序。显然初始化程序必须放在主程序之前。

④ 主程序。主程序一般为死循环程序。CPU 运行程序的过程，实际就是反复执行主程序的过程，显然实现了随时接收输入和不停地将新的结果输出的功能。

⑤ 子程序。在主程序中，如果要反复多次执行某段完全相同的程序，为了简化程序，可以将该段重复的程序单独书写，这就是子程序。在主程序需要的时候，只要调用子程序即可。

子程序可以放在初始化和主程序构成的程序段之外的任何位置，但习惯上放在主程序之后的任何位置。子程序必须由子程序返回指令 RET 结束。

⑥ 中断服务程序。中断服务程序也叫中断服务子程序，是指响应"中断"后执行的相应的处理程序。

中断服务程序类似于子程序，习惯上也是放在主程序之后的任何位置。关于中断的内容将在后面相关项目中详细介绍。

注意： 在汇编程序中，数值既可以使用二进制数，也可以使用十进制数和十六进制数。后面跟"B"的表示二进制数，后面跟"D"的表示十进制数（对于十进制数"D"可以省略），后面跟"H"的表示十六进制数，在程序中一般使用十六进制数。下面三条指令的结果是完全一样的。

```
MOV A,#01100100B
MOV A,#100
MOV A,#64H
```

2. 相关指令

本项目相关指令主要有：MOV、RR、RL、SETB、CLR、CPL、LJMP、DJNZ、LCALL、RET、ORG。

（1）数据传送指令：MOV

通用格式：MOV<目的操作数>，<源操作数>

例：MOV A,#30H　　　　；将立即数 30H 送入累加器 A

　　MOV P1,#0FH　　　　；将立即数 0FH 送到 P1 口

（2）移位指令：RR、RL

循环右移：RR A　　　　；将 A 中的各位循环右移一位

循环左移：RL A　　　　；将 A 中的各位循环左移一位

循环移位指令示意图如图 2-3 所示。

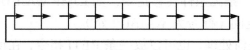

（a）循环右移　　　　　　　　　　（b）循环左移

图 2-3　循环移位指令示意图

循环移位指令的操作数只能是累加器 A。

（3）置位、清零取反指令：SETB、CLR、CPL

例：SETB C　　　　　　；将进位标志 C 置"1"

SETB P1.0　　　　　　；将端口 P1.0 置"1"

CLR C　　　　　　　　；将进位标志 C 清"0"

CLR P1.0　　　　　　　；将端口 P1.0 清"0"

CPL C　　　　　　　　；位标志 C 取反

CPL P1.0　　　　　　　　　　　　　；端口 P1.0 取反

（4）无条件转移指令：LJMP

通用格式：LJMP <十六位程序存储器地址或以标号表示的十六位地址>

例：LJMP MAIN　　　　　　；转移到标号为 MAIN 处执行

其他无条件转移指令请参看相关内容。

（5）减 1 非 0 条件转移指令：DJNZ

通用格式：DJNZ <寄存器>，<相对地址>

例：DJNZ R0,LOOP　　　　；先对 R0 中的数减 1，若 R0≠0，转移到 LOOP 处执行
　　　　　　　　　　　　　；若 R0=0，则顺序执行

该指令常用来编写指定次数的循环程序。虽然单片机执行一条指令的时间很短，仅为 1μm（具体时间和时钟与具体指令的指令周期有关）左右，但如果使单片机反复执行指令几百次、几千次或几万次，所需时间就比较明显，因此我们常通过编写循环程序来达到延时的目的。下面循环程序可作为软件延时程序。

```
        MOV R0,#0FFH        ；延时程序
    LOOP2:DJNZ R0,LOOP2
```

该程序循环次数为 255 次，如果延时时间不够，可以编写如下循环嵌套程序，以增加循环次数，达到更长时间的延时。

```
        MOV R0,#0FFH        ；延时程序
    LOOP2:  MOV R1,#0FFH
    LOOP1:  DJNZ R1,LOOP1
            DJNZ R0,LOOP2
```

（6）子程序调用和返回指令 LCALL、RET

子程序调用：LCALL <子程序的地址或标号>

例：LCALL DELAY

子程序返回：RET

 议一议

P0、P1、P2、P3 功能上有什么区别，使用中有什么要求？

 基本技能

技能实训一　制作广告灯控制电路

实训目的

（1）掌握 I/O 口的使用方法。

（2）掌握延时子程序的编写和使用。

（3）掌握使用 Keil C 软件调试和编译程序。

（4）掌握使用编程器和 ISP 下载线烧写程序。

实训内容

一、硬件电路制作

1. 电路原理图

根据任务要求，广告灯电路如图 2-4 所示。P1 口用做输出口，采用低电平驱动方式。

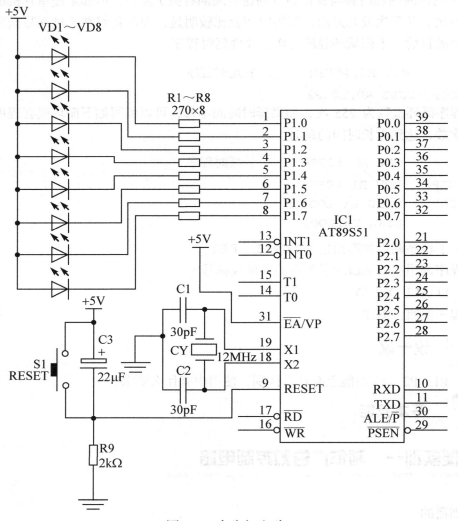

图 2-4 广告灯电路

注：硬件电路的制作可以使用万能实验板焊接，也可以在配套实验板或者实验台上进行连线。

2．元件清单

广告灯电路元件清单如表 2-1 所示。

表 2-1　广告灯电路元件清单

代　号	名　　称	实　物　图	规　格
R1～R8	电阻		270Ω
R9	电阻		2kΩ
VD1～VD8	发光二极管		红色φ5
C1、C2	瓷介电容		30pF
C3	电解电容		22μF
S1	轻触按键		
CY	晶振		12MHz
IC1	单片机		AT89S51
	IC 插座		40 脚

3．电路制作步骤

对于简单电路，可以在万能实验板上进行电路的插装焊接。制作步骤如下：

① 按如图 2-1 所示电路原理图在万能实验板中绘制电路元器件排列布局图；

② 按布局图分别进行元器件的排列、插装；

③ 按焊接工艺要求对元器件进行焊接，背面用 φ0.5～φ1mm 镀锡裸铜线连接（可以使用双绞网线），直到所有的元器件连接并焊完为止。

广告灯电路装接图如图 2-5 所示。

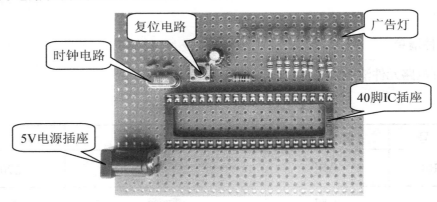

图 2-5　广告灯电路装接图

注意：单片机绝对不能直接焊接在电路板上，应先焊接一个 40 脚的 IC 插座，等将程序编写调试完成并烧写入单片机中后，再插入电路板。

4．电路的调试

通电之前先用万用表检查各种电源线与地线之间是否有短路现象。

给硬件系统加电，检查所有插座或器件的电源端是否有符合要求的电压值，接地端电压是否 0V。

在不插上单片机时，模拟单片机输出低电平，检查相应的外部电路是否正常。方法是。用一根导线将低电平（接地端）分别引到 P1.0 到 P1.7 相对应的集成电路插座的引脚上，观察相应的发光二极管是否正常发光。

二、程序编写

1．发光二极管的点亮

欲点亮某只二极管，只需要使与之相连的口线输出低电平即可。如点亮从高位到低位的第 1、3、5、7 只二极管，实现的方法有字节操作和位操作两种。

方法一（字节操作）：

```
          ORG 0000H              ;复位入口地址
          LJMP MAIN              ;转移到主程序 MAIN
   MAIN:  MOV P1,#55H            ;将立即数 55H（即二进制数 01010101B）送到
P1 口
          LJMP MAIN              ;循环执行主程序
```

方法二（位操作）：

```
            ORG 0000H           ;复位入口地址
            LJMP MAIN           ;转移到主程序 MAIN
    MAIN:   MOV P1,#0FFH        ;熄灭所有的灯（该句可省略，因复位后为 0FFH）
            CLR P1.7            ;点亮第 7 位
            CLR P1.5            ;点亮第 5 位
            CLR P1.3            ;点亮第 3 位
            CLR P1.1            ;点亮第 1 位
            LJMP MAIN           ;循环执行主程序
```

2. 发光二极管的闪烁

欲使某位二极管闪烁，可先点亮该位，再熄灭，然后循环。程序如下：

```
            ORG 0000H           ;复位入口地址
            LJMP MAIN           ;转移到主程序 MAIN
    MAIN:   CLR P1.7            ;点亮第 1 位
            SETB P1.7           ;熄灭第 1 位
            LJMP MAIN           ;循环执行主程序
```

但实际运行这个程序时发现第 1 位一直在亮，原因是单片机执行一条指令速度很快，大约 1μm（具体时间和时钟与具体指令的指令周期有关）。也就是说二极管确实在闪烁，只不过速度太快，由于人的视觉暂留现象，主观感觉一直在亮。解决的办法是在点亮和熄灭后都要加入延时。实现的方法有字节操作和位操作两种。

方法一（字节操作）：

```
            ORG 0000H           ;复位入口地址
            LJMP MAIN           ;转移到主程序 MAIN
    MAIN:   MOV P1,#7FH         ;点亮第 1 位
            LCALL DELAY         ;调延时子程序
            MOV P1,#0FFH        ;熄灭第 1 位
            LCALL DELAY         ;调延时子程序
            LJMP MAIN           ;循环执行主程序
    DELAY:  MOV R0,#0FFH        ;延时子程序
    LOOP2:  MOV R1,#0FFH
    LOOP1:  DJNZ R1,LOOP1
            DJNZ R0,LOOP2
            RET
```

方法二（位操作）：

```
            ORG 0000H           ;复位入口地址
            LJMP MAIN           ;转移到主程序 MAIN
    MAIN:   CPL P1.7            ; P1.7 取反
```

```
              LCALL DELAY          ;调延时子程序
              LJMP MAIN            ;循环执行主程序
    DELAY:    MOV R0,#0FFH         ;延时子程序
    LOOP2:    MOV R1,#0FFH
    LOOP1:    DJNZ R1,LOOP1
              DJNZ R0,LOOP2
              RET
```

3．流水灯效果

实现该效果的方法是轮流点亮每个发光二极管，延时后熄灭。按字节操作的程序如下（请读者编写按位操作的程序）：

```
              ORG 0000H            ;复位入口地址
              LJMP MAIN            ;转移到主程序 MAIN
    MAIN:     MOV P1,#7FH          ;点亮第 1 位
              LCALL DELAY          ;调延时子程序
              MOV P1,#0BFH         ;点亮第 2 位
              LCALL DELAY          ;调延时子程序
              MOV P1,#0DFH         ;点亮第 3 位
              LCALL DELAY          ;调延时子程序
              MOV P1,#0EFH         ;点亮第 4 位
              LCALL DELAY          ;调延时子程序
              MOV P1,#0F7H         ;点亮第 5 位
              LCALL DELAY          ;调延时子程序
              MOV P1,#0FBH         ;点亮第 6 位
              LCALL DELAY          ;调延时子程序
              MOV P1,#0FDH         ;点亮第 7 位
              LCALL DELAY          ;调延时子程序
              MOV P1,#0FEH         ;点亮第 8 位
              LCALL DELAY          ;调延时子程序
              LJMP MAIN            ;循环执行主程序
    DELAY:    MOV R0,#0FFH         ;延时子程序
    LOOP2:    MOV R1,#0FFH
    LOOP1:    DJNZ R1,LOOP1
              DJNZ R0,LOOP2
              RET
```

这个程序清晰易懂，但过于冗长。下面我们使用循环移位指令来实现同样的效果，程序长度可大大缩短。

```
            ORG 0000H            ;复位入口地址
            LJMP START           ;转移到程序初始化部分 START
    START:  MOV A,#7FH           ;初始化 A 值,使最高位为"0"
    MAIN:   MOV P1,A             ;A 值送 P1 口
            LCALL DELAY          ;调延时子程序
            RR A                 ;循环右移
            LJMP MAIN            ;循环执行主程序
    DELAY:  MOV R0,#0FFH         ;延时子程序
    LOOP2:  MOV R1,#0FFH
    LOOP1:  DJNZ R1,LOOP1
            DJNZ R0,LOOP2
            RET
```

读者可以将循环右移指令改为循环左移指令看其运行效果。

注意: 要制作复杂的效果,可以使用查表的方法实现,关于查表指令将在后面的相关项目中介绍。

技能实训二　程序的调试与烧写

实训目的

(1)熟悉各种编程器和下载线。

(2)掌握利用编程器烧写程序。

(3)掌握利用下载线下载程序。

实训内容

一、程序的调试

任何程序很难做到一次书写成功,一般都需要反复的调试修改才能实现相应的功能。

程序调试的实现方法有多种,比如可以使用编程器把编译后的程序烧写入单片机,然后插在目标电路板上看其能否实现应有的功能,若不能,修改后重新烧写试机,直到调试完成;对于支持 ISP 在线下载的单片机,可以通过下载线实现程序的烧写,进行验证。在所有的方法中最为方便、直观、高效的方法是使用仿真器进行程序的调试。下面一种 Keil C 仿真器为例介绍软件调试的具体过程。

仿真器与目标板和计算机的连接如图 2-6 所示。

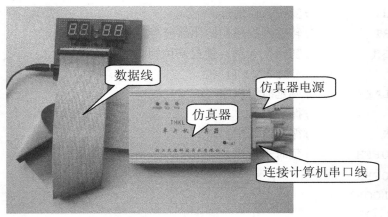

（a）仿真器与目标板的连接　　　　　　　　　（b）仿真器与计算机的连接

图 2-6　仿真器与目标板和计算机的连接

程序调试的基本步骤如表 2-2 所示。

表 2-2　程序调试的基本步骤

步骤	操 作 说 明	操作示意图
1	将仿真器的串口通过串口线连接到计算机的串口，仿真头插入到目标电路板中单片机的 40 脚插座中，如右图所示。然后给电路板加上 5V 的直流电源	
2	启动 Keil C 软件，单击"Project"菜单，在下拉菜单中单击"Options for Target 'Target 1'"，弹出如右图所示对话框，单击"Debug"标签，选中"Use:Keil Monitor-51 Driver"选项	

续表

步骤	操 作 说 明	操作示意图
3	单击"Use:Keil Monitor-51 Driver"后面的"Settings"，弹出如右图所示的对话，设置端口 Port 和波特率 Baudrate	
4	单击工具栏上的 按钮或选择"Project"菜单，在下拉菜单中单击"Translate"命令进行程序编译。在 Output 窗口可以查看编译结果。若存在语法错误，则提示"1 个错误、0 个报警"，并显示错误所在行，双击错误提示可跳到错误行，可以根据提示逐行排除错误。若提示"1 个错误、0 个报警"，则说明编译正确	
5	在编译完毕之后，选择"Debug"→"Start/Stop Debug Session"命令或单击工具按钮，即进入仿真环境，如右图所示	
6	编译无误，只是说明程序没有语法错误，但程序能不能完成所要求的功能，还要进一步调试。选择菜单"Debug"→"Go"，或者单击工具栏上如右图所示的相应按钮，可以直接在电路板上看到执行结果	

本项目的程序相对简单，排查语法错误和功能错误难度不是很大，但对于有些程序，

任务较多，可以采用分模块调试，如 BCD 码转换程序、数码管显示程序、中断程序、子程序等。全部正常后，再一个模块一个模块地添加，最后达到所要求的功能。

另外，在调试过程中，为了实现对错误正确定位，可以采用单步执行与全速执行相结合的方法。全速执行配合设置断点，可以确定错误的大致范围；单步执行可以了解程序中每条指令的执行情况，对照指令运行结果可以知道该指令执行的正确性。

程序全部调试完成后，就可以进行程序烧写了。

二、程序烧写

程序烧写是指将编译好（一般为 HEX 或 BIN 文件）的程序写入单片机的程序存储器中。对于支持 ISP 在线下载的单片机既可以通过编程器完成烧写，也可以通过 ISP 下载线来完成。

1. 编程器烧写

下面以 Easy PRO 80B 型号的编程器为例介绍程序烧写的过程。其过程如表 2-3 所示。

表 2-3　程序烧写的过程

步骤	操 作 说 明	操作示意图
1	接通直流电源，用 USB 连接线将编程器连接到计算机的 USB 口，将 AT89S51 器件按方向要求插入万用 IC 插座并锁紧，如右图所示	
2	运行编程器随机附带的编程软件"EasyPRO Programmer"，未调入文件时所有单元的值均为"FF"，如右图所示	

续表

步骤	操作说明	操作示意图
3	选择所要烧写的器件的型号。单击界面右侧的"选择"按钮，弹出"选择器件"对话框，如右图所示。在"类型"列表中选择"MCU"（微控制单元即单片机）；在"厂商"列表中选择"ATMEL"；在"器件"列表中选择"AT89S51"。单击"选择"按钮完成器件选择	
4	单击工具栏的"打开"按钮，选择将要写入单片机程序存储器的 HEX（或者 BIN）文件，弹出如右图所示的对话框，单击"确定"按钮	
5	调入文件后如右图所示，有数据的单元会显示具体数据	
6	单击界面右侧的"编程"按钮，弹出如右图所示的对话框	

续表

步骤	操 作 说 明	操作示意图
7	单击"设置"按钮，弹出如右图所示的对话框，可以在"操作选择"中选择要进行的操作。一般应该选择"编程前擦除芯片"和"编程后校验（强烈推荐）"两项。有的编程器的擦除的编程和分开进行的，在程序写入前一定要先对芯片进行擦除操作。单击"设定"按钮完成设置	设置 操作选择 ☑ 编程前检查片ID ☑ 编程前擦除芯片 ☐ 编程前查空芯片 ☑ 编程后校验(强烈推荐) ☐ 切换为手工设置模式　设定　取消
8	在"编程"对话框中单击"编程"按钮，便开始了程序写入操作，操作完成后如右图所示	编程 编程内容 ☑ Code Memory　☑ Lock Bits 起始地址：00000000 终止地址：00000FFF ☐ 芯片编号自增 100% 设置　已编程：1　编程　退出 成功　用时：3.828s

2. 下载线下载程序

所谓下载线下载程序，是指通过下载线将计算机中编译好的程序下载到单片机的程序存储器中。目前市场上流行的下载线有并行口下载线、串行口下载线和USB口下载线。

无论采用哪种下载线，都需要下载线和单片机目标板进行连接，这时可以在目标板上焊接一个插座。ISP接口为ATMEL标准10针，标准ISP接口引线配置图如图2-7所示。

注意：有些下载线的接线并非采用标准接线，这时需要调整引线。

（1）并口ISP下载线下载程序

下面以下载软件ISPlay为例说明用并口下载线下载程序的方法。

连接好下载线和单片机目标板，目标板加上+5V电源。启动ISPlay软件，ISP界面如图2-8所示。

首先选择单片机型号或让软件自动检测单片机型号。

① 单击"文件"按钮，打开待下载的HEX文件或BIN文件；

② 单击"擦除"按钮，将单片机程序存储器中原有内容擦除；

③ 单击"写"按钮，将打开的文件下载到单片机程序存储器中。

（2）串口ISP下载线下载程序

下面以下载软件电子在线ISP编程器V2.0为例说明用串口下载线下载程序的方法。

连接好下载线和单片机目标板，目标板加上+5V电源。启动电子在线ISP编程器v2.0软件，其界面如图2-9所示。

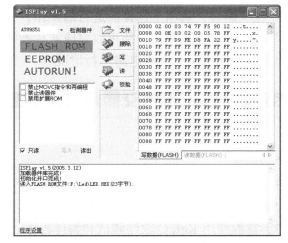

MOSI 1 ─── 2 VCC
NS 3 ─── 4 GND
RST 5 ─── 6 GND
SCK 7 ─── 8 GND
MISO 9 ─── 10 GND

图 2-7　标准 ISP 接口引线配置图　　　　　　图 2-8　ISP 界面

首先选择端口，根据下载线实际连接的端口进行设置。

① 单击"打开"按钮，打开待下载的 HEX 文件；

② 单击"鉴别"按钮，检查单片机型号；

③ 单击"擦除"按钮，将单片机程序存储器中原有内容擦除；

④ 单击"写入"按钮，将打开的文件下载到单片机程序存储器中。

也可以设置好自动选项后，单击"自动"按钮完成程序的擦除和写入。

（3）USB 口 ISP 下载线下载程序

下面以下载软件 Progisp 为例说明用 USB 口下载线下载程序的方法。

连接好下载线和单片机目标板，对于 USB 口下载线，由于 USB 传输线同时带有+5V 电源，所以目标板不需要外加电源。启动 Progisp 软件，PROGISP 界面如图 2-10 所示。

图 2-9　电子在线 ISP 编程器 v2.0 界面

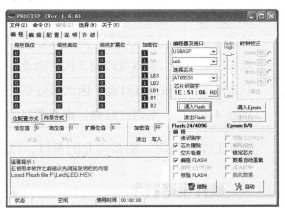

图 2-10　PROGISP 界面

首先选择编程器及接口，并选择芯片。

① 单击"调入 Flash"按钮，打开待下载的 HEX 文件或 BIN 文件；

② 在"编程"选项下选择所进行的操作；

③ 单击"自动"按钮，便可以完成芯片擦除和编程等操作。

程序烧写完成后，观察电路运行情况。

技能实训三　制作交通灯控制电路

实训目的

（1）进一步掌握 I/O 口的结构与操作方法。

（2）掌握 I/O 口作为输入口时的操作方法。

（3）掌握使用 Keil C 软件调试和编译程序。

（4）掌握使用编程器和 ISP 下载线烧写程序。

实训内容

交通灯控制电路的要求：假定 A、B 两个交通干道交于一个十字路口，A 为主干道，B 为支干道，A、B 干道各有一组红、黄、绿三色指示灯，指挥行人和车辆的通行。

系统要求，能够上电复位和手动复位，初始状态 4 个路口都亮红灯，2s 后正常工作。

白天工作期间，东西方向为主干道，南北方向为支干道，共有 4 种状态。东西路口的绿灯亮，南北路口的红灯亮，东西方向通车，持续 5s；东西路口的黄灯闪 5 次，同时南北路口的绿灯亮，南北方向通车，持续 4s；东西红灯亮，同时南北黄灯闪 5 次。循环重复上述过程，红绿灯工作状态及功能如表 2-4 所示。

表 2-4　红绿灯工作状态及功能

控 制 状 态	信 号 灯 状 态	车 道 运 行 状 态
状态 1	东西绿灯亮，南北红灯亮，持续 5s	东西车道路通行，南北车道禁行
状态 2	东西黄灯闪 5 次，南北红灯亮	东西车道路缓行，南北车道禁行
状态 3	东西红灯亮，南北绿灯亮，持续 4s	东西车道路禁行，南北车道通行
状态 4	东西红灯亮，南北黄灯闪 5 次	东西车道路禁行，南北车道缓行

如果工作在夜间，那么南北的黄灯，以及东西的黄灯持续闪烁。

一、硬件电路制作

1. 电路原理图

交通灯控制电路的硬件电路如图 2-11 所示。由于每个干道相对的两组灯的亮灭关系完全一样，属于并联关系，所以图中只用两组灯来表示每个干道的三只红、黄、绿灯。

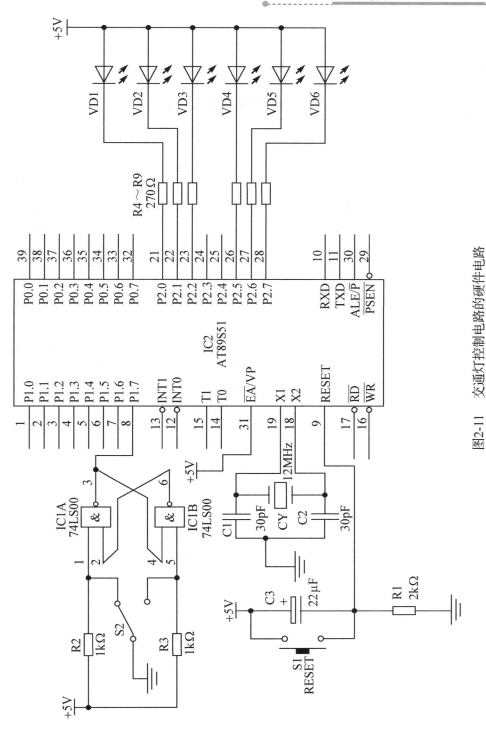

图2-11　交通灯控制电路的硬件电路

2．元件清单

交通灯控制电路元件清单如表 2-5 所示。

表 2-5　交通灯控制电路元件清单

代　号	名　　称	实　物　图	规　格
R1	电阻		2kΩ
R2、R3	电阻		1kΩ
R4～R9	电阻		270Ω
C1、C2	瓷介电容		30pF
C3	电解电容		22μF
S1	轻触按键		
S2	单刀双掷开关		
CY	晶振		12MHz
IC2	单片机		AT89S51
	IC 插座		40 脚
IC1A、IC1B	与非门		74LS00
VD1、VD6	发光二极管		红色φ5
VD2、VD5	发光二极管		黄色φ5
VD3、VD4	发光二极管		绿色φ5

3．电路制作

交通灯控制电路装接图如图 2-12 所示。

图 2-12　交通灯控制电路装接图

4．电路的调试

通电之前先用万用表检查各种电源线与地线之间是否有短路现象。

给硬件系统加电，不插入单片机，用一根导线，一端接地，另一端分别接触 IC 插座的 5、6、7、8 脚，观察 4 个二极管是否正常发光。

二、程序编写

1．程序流程图

白天工作模式：主要是按照系统要求完成白天工作期间的交通灯执行功能。白天工作模式流程图如图 2-13 所示。

夜间工作模式：以 P1.7 口输入的开关状态判断是白天还是夜间，P1.7 为高电平，系统工作在白天模式；P1.7 为低电平，系统工作在夜间模式。白天与夜间工作模式切换流程图如图 2-14 所示。

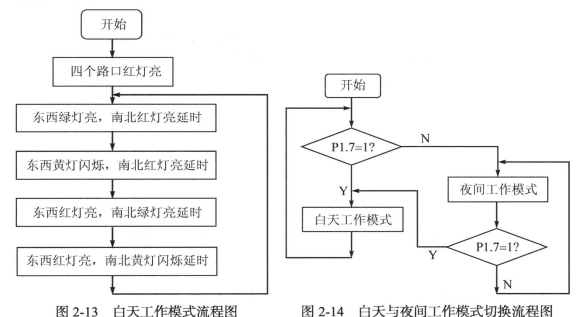

图 2-13　白天工作模式流程图　　　图 2-14　白天与夜间工作模式切换流程图

2．参考程序

```
        ORG 0000H
        MOV P2,#7EH              ;4 个路口红灯亮
        MOV R5,#100
        LCALL DELAY             ;延时 2s
DAY:
```

```
                MOV P1,#0FFH              ;P1 口作为输入口
LOOP1:          JNB P1.7,NIGHT
                MOV P2,#7BH              ;东西绿灯亮，南北红灯亮
                MOV R5,#250             ;延时 5s
                LCALL DELAY
                MOV R7,#05H             ;置黄灯闪烁次数 05H
H1:             MOV P2,#7DH             ;东西黄灯闪，南北红灯亮
                MOV R5,#10              ;延时
                LCALL  DELAY
                MOV P2, #7FH            ;南北红灯亮
                MOV R5, #10             ;延时
                LCALL DELAY
                DJNZ R7,H1              ;闪烁次数未到继续
H2:             MOV P2,#0DEH            ;东西红灯亮，南北绿灯亮
                MOV R5, #200           ;延时 4s
                LCALL DELAY
                MOV R7,#05H             ;置黄灯闪烁次数 05H
H3:             MOV P2,#0BEH            ;东西红灯亮，南北黄灯闪
                MOV R5,#10             ;延时
                LCALL DELAY
                MOV P2,#0FEH           ;东西红灯亮
                MOV R5, #10            ;延时
                LCALL DELAY
                DJNZ R7,H3             ;闪烁次数未到继续
                LJMP LOOP1            ;循环

NIGHT:
LOOP2:          JB P1.7,DAY
                MOV P2, #0BDH          ;东西黄灯亮，南北黄灯亮
                MOV R5, #10            ;延时
                LCALL DELAY
                MOV P2,#0FFH          ;东西黄灯灭，南北黄灯灭
                MOV R5,#10             ;延时
                LCALL DELAY
                LJMP LOOP2

                                       ;延迟时间=R5×20ms
DELAY:          MOV R4, #38H           ;延时子程序
D1:             MOV R3, #0F9H
                DJNZ R3,$
                DJNZ R4,D1
```

```
DJNZ R5,DELAY
RET
END
```

三、程序的调试与烧写

程序调试无误后写入单片机的程序存储器，接通电源，观察电路运行情况。

任务二　制作音频控制电路和继电器控制电路

单片机的 I/O 口作为输出口，驱动扬声器发出不同频率、不同长短的音频；单片机 I/O 口作为输出口，驱动继电器吸合和释放。

 基础知识

一、片内数据存储器和片内程序存储器

片内数据存储器（内部 RAM）和片内程序存储器（内部 ROM）是供用户使用的重要单片机硬件资源。

1. 片内数据存储器

什么是存储器呢？打个比方，存储器就像一栋楼，假如这栋楼共有 128 层，每层有 8 个房间，每个房间可以存放 1 位二进制数。我们可以给每个楼层编号，0 层、1 层、……、127 层，每层楼就相当于一个存储单元，楼层号就相当于单元地址，用十六进制数表示就是 00H、01H、……、7FH。每层楼的每个房间就相当于 1 位。在片内数据存储器中，有的单元只能 8 位同时存入或者 8 位同时取出，这种操作叫字节操作；有的单元既能字节操作，又能对该单元的每 1 位单独操作，这种操作叫位操作。要想进行位操作，通常要给位分配一个地址，这个地址叫做位地址，就好像再给每层楼的每个房间再编个号，如 0 号、1 号、……、7 号，用十六进制数表示也是 00H、01H、……、07H。虽然位地址和字节地址的表示方法相同，但由于对位操作的指令和对字节操作的指令不同，所以在程序中并不会造成混淆。

片内数据存储器即所谓的内部 RAM，主要用于数据缓冲和中间结果的暂存。其特点是掉电后数据即丢失。

MCS-51 单片机内部有 256 个数据存储器单元，通常把这 256 个单元按其功能分为两部分：低 128 单元（单元地址 00H ~ 7FH）和高 128 单元（单元地址 80H ~ FFH）。其中低 128 单元是供用户使用的数据存储器单元，按用途可把低 128 单元分为三个区域，如图 2-15 所示。

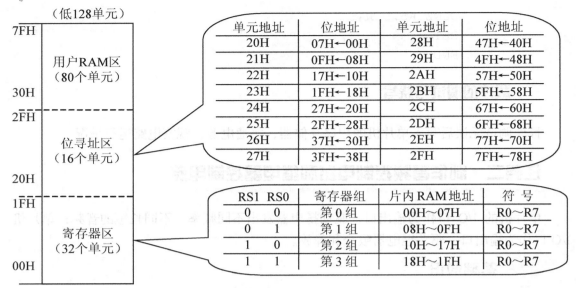

图 2-15　内部 RAM 低 128 单元结构图

1）寄存器区

地址为 00H ~ 1FH 的空间为寄存器区，共 32 个单元，分成 4 个组，每个组 8 个单元，符号为 R0 ~ R7，通过 RS1 和 RS0 的状态选定当前寄存器组，如图 2-15 中表格所示。任一时刻，CPU 只能使用其中的一组寄存器。

2）位寻址区

地址为 20H ~ 2FH 的 16 个单元空间称为位寻址区，这个区的单元既可以对字节操作，又可以对每 1 位单独操作（置"1"或清"0"），所以每一位都有自己的位地址。

通常在使用中，"位"有两种表示方式。一种是以位地址的形式，如图 2-15 中表格所示，例如，25H 单元的第 0 位的位地址是 28H；另一种是以单元地址加位的形式表示，例如，同样的 25H 单元的第 0 位表示为 25H.0。

3）用户 RAM 区

地址为 30H ~ 7FH 的 80 个单元空间是供用户使用的一般 RAM 区，对于该区，只能以单元的形式来使用（即字节操作）。

4）特殊功能寄存器区

内部数据存储器的高 128 单元的地址为 80H ~ FFH，在这 128 个单元中离散的分布着若干个特殊功能寄存器（简称 SFR），也就是说其中有很多地址是无效地址，空间是无效空间。这些特殊功能寄存器在单片机中起到非常重要的作用。

下面对一些常见的特殊功能寄存器做一简单介绍。其余的在相关项目应用中进行介绍。

（1）累加器 Acc

累加器 Acc 简称 A，是所有特殊功能寄存器中最重要、使用频率最高的寄存器，常用于存放参加算术或逻辑运算的两个操作数中的一个，运算结果最终都存在 A 中，许多功能也只有通过 A 才能实现。

（2）B 寄存器

B 寄存器也是 CPU 内特有的一个寄存器，主要用于乘法和除法运算，也可以作为一般寄存器使用。

（3）程序状态字寄存器 PSW

程序状态字寄存器有时也称为"标志寄存器"，由一些标志位组成，用于存放指令运行的状态。MSC-51 中 PSW 寄存器各位的功能如表 2-6 所示。

表 2-6　MCS-51 中 PSW 寄存器各位的功能

B7	B6	B5	B4	B3	B2	B1	B0
Cy	AC	F0	RS1	RS0	OV	-	P

Cy：进位标志。在进行加法运算且当最高位（B7 位）有进位时，或执行减法运算且最高位有借位时，Cy 为 1；反之为 0。

AC：辅助进位标志。在进行加法运算且当 B3 位有进位，或执行减法运算且 B3 位有借位时，AC 为 1；反之为 0。

RS1、RS0：工作寄存器组选择位。

F0：用户标志位，可通过位操作指令将该位置 1 或清 0。

PSW.1：保留位，可以自定义使用。

OV：溢出标志。在计算机内，带符号的数一律用补码表示。在 8 位二进制中，补码所能表示的范围是-128 ~ +127，而当运算结果超出这一范围时，OV 标志为 1，即溢出；反之，为 0。

P：奇偶标志。该标志位始终体现累加器 Acc 中"1"的个数的奇偶性。如果累加器 Acc 中"1"的个数为奇数，则 P 位为 1；当累加器 A 中"1"的个数为偶数（包括 0 个）时，P 位为"0"。

（4）数据指针 DPTR

数据指针 DPTR 是单片机中唯一一个用户可操作的 16 位寄存器，由 DPH（数据指针高 8 位）和 DPL（数据指针低 8 位）组成，既可以按 16 位寄存器使用，又可以将两个 8 位寄存器分开使用。

（5）I/O 端口寄存器

P0、P1、P2、P3 口寄存器实际上就是 P0 ~ P3 口对应的 I/O 端口锁存器，用于锁存通过端口输出的数据。

2．片内程序存储器

程序存储器主要用来存放程序，但有时也会在其中存放数据表（如数码管段码表等）。AT89S51 芯片内有 4KB 的程序存储器单元，其地址为 0000H ~ 0FFFH。在程序存储器中地址为 0000H ~ 002AH 的 43 个单元在使用时是有特殊规定的。

其中 0000H ~ 0002H 的 3 个单元是系统的启动单元，0000H 称为复位入口地址，因为系统复位后，单片机从 0000H 单元开始取指令执行程序。但实际上 3 个单元并不能存放任何完整的程序，使用时应当在复位入口地址存放一条无条件转移指令，以便转移到指定的程序执行。

地址为 0003H ~ 002AH 的 40 个单元被均匀地分为 5 段，每段 8 个单元，分别作为 5 个中断源的中断地址区。具体划分如下：

0003H ~ 000AH	外部中断 0 中断地址区，0003H 为其入口地址
000BH ~ 0012H	定时器/计数器 0 中断地址区，000BH 为其入口地址
0013H ~ 001AH	外部中断 1 中断地址区，0013H 为其入口地址
001BH ~ 0022H	定时器/计数器 1 中断地址区，001BH 为其入口地址
0023H ~ 000AH	串行中断地址区，0023H 为其入口地址

中断响应后，CPU 能按中断种类，自动转到各中断区的入口地址去执行程序。但实际上 8 个单元难以存放一个完整的中断服务程序，我们可以在中断区的入口地址存放一条无条件转移指令，而将实际的中断服务程序存放在后面的其他空间中。在中断响应后，通过入口地址的这条无条件转移指令再转到实际的中断服务程序。

二、音频接口电路

在单片机系统中经常使用蜂鸣器或扬声器作为声音提示、报警及音乐输出等。

单片机音频接口电路如图 2-16 所示。蜂鸣器是一种一体化结构的电子讯响器，采用直流驱动，使用中只需加直流电压（由单片机输出高电平）即可发出单一频率的音频。驱动扬声器则需要 20Hz ~ 20kHz 的音频信号才能使其发出人耳听到的声音。单片机的端口只能输出数字量，单片机可以输出由高电平和低电平组成的方波，方波经放大滤波后，驱动扬声器发声。声音声调的高低由端口输出的方波的频率决定。

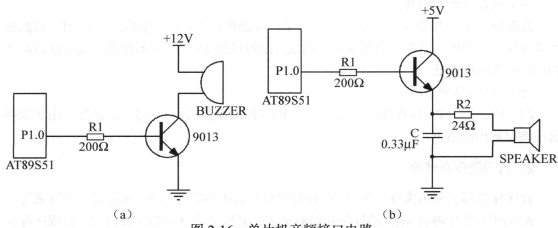

图 2-16　单片机音频接口电路

三、继电器接口电路

继电器通常用于驱动大功率电器中并起到隔离作用，由于继电器所需的驱动电流较大，一般都要有三极管等电路的驱动。

如图 2-17（a）所示是高电平驱动继电器的电路。图 2-17（b）是低电平驱动继电器的电路，但仔细分析，该电路并不能正常工作，因为单片机输出的高电平也只有+5V，而继电器的工作电压+12V 使三极管的发射结处于正偏，继电器并不能释放，而且这个电压加在单片机的输入端还有可能损坏单片机。可见在使用单片机驱动继电器时采用高电平驱动方式更加安全可靠。

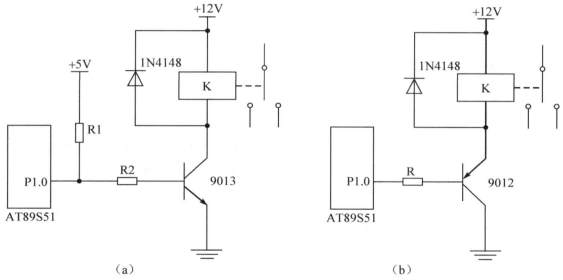

图 2-17　驱动继电器的电路

 议一议

（1）特殊功能寄存器 PSW 有什么用？内部每一位的含义是什么？

（2）程序存储器中各个入口的含义和作用是什么？所对应的地址分别是多少？

（3）5 个中断源的中断地址区在程序存储器中都只有 8 个存储单元空间，当中断程序超出 8 个单元时，应该怎样安排程序的存放问题？

基本技能

技能实训四　制作音频控制电路

实训目的

（1）掌握音频接口电路。
（2）会设计制作音频控制电路。
（3）会根据硬件电路编写相应程序。

实训内容

一、硬件电路制作

1．电路原理图

根据任务要求，音频控制电路如图 2-18 所示。P1.0 输出的方波经放大滤波后，驱动扬声器发声。但要想听到该声音，则要求方波的频率在 20Hz～20kHz 范围内。

2．元件清单

音频控制电路元件清单如表 2-7 所示。

3．电路制作

音频控制电路装接图如图 2-19 所示。

4．电路的调试

通电之前先用万用表检查各种电源线与地线之间是否有短路现象。

给硬件系统加电，检查所有插座或器件的电源端的电压是否符合要求的电压值，接地端电压是否 0V。不插入单片机，用一根导线，一端接+5V，另一端碰触 IC 插座的 1 脚，听扬声器是否有"咔咔"声。

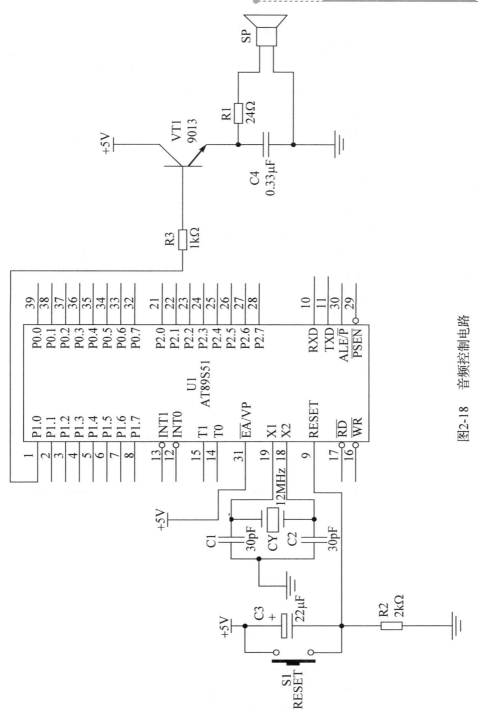

图2-18 音频控制电路

表 2-7　音频控制电路元件清单

代　号	名　称	实　物　图	规　格
R1	电阻		24Ω
R2	电阻		2kΩ
R3	电阻		1kΩ
C1、C2	瓷介电容		30pF
C4	瓷介电容		0.33μF
C3	电解电容		22μF
S1	轻触按键		
CY	晶振		12MHz
IC1	单片机		AT89S51
	IC 插座		40 脚
VT1	三极管		9013
SP	扬声器		8Ω/0.5W

图 2-19　音频控制电路装接图

二、程序编写

1. 单频率声音

```
            ORG 0000H          ;复位入口地址
            LJMP MAIN          ;转移到主程序 MAIN
    MAIN:   CPL P1.0           ;P1.0 取反
            LCALL DELAY        ;调延时子程序
            LJMP MAIN          ;循环执行主程序
    DELAY:  MOV R0,#07H        ;延时子程序
    LOOP2:  MOV R1,#1FH
    LOOP1:  DJNZ R1,LOOP1
            DJNZ R0,LOOP2
            RET
```

请读者修改延时时间，听音调的变化。

2. 双音报警声

本程序可模拟出非常急促的双音报警声。

```
            ORG 0000H
            LJMP MAIN
    MAIN:   MOV R0,#0FFH
    LOOP1:  CPL P1.0
            LCALL DELAY1
            DJNZ R0,LOOP1
            MOV R0,#0FFH
    LOOP2:  CPL P1.0
            LCALL DELAY2
            DJNZ r0,LOOP2
            LJMP MAIN
    DELAY1: MOV R6,#07H
    D1:     MOV R7,#20H
            DJNZ R7,$
            DJNZ R6,D1
            RET
    DELAY2: MOV R4,#07H
    D2:     MOV R5,#50H
            DJNZ R5,$
```

```
DJNZ R4,D2
RET
```

本程序全部使用软件延时的方法实现，读者学完定时器后可以使用定时器实现同样的效果。另外，延时程序延时的长短与系统使用的晶振频率有关，请注意修改相关数值。

三、程序调试与烧写

程序调试无误后写入单片机的程序存储器，接通电源，观察电路运行情况。

技能实训五　制作继电器控制电路

实训目的

（1）掌握继电器接口电路。
（2）会设计制作继电器控制电路。
（3）会根据硬件电路编写相应程序。

实训内容

一、硬件电路制作

1．电路原理图

继电器控制电路如图 2-20 所示。当 P1.0 输出高电平时，继电器吸合，同时 LED 点亮；当 P1.0 输出低电平时，继电器释放，同时 LED 熄灭。

2．元件清单

继电器控制电路元件清单如表 2-8 所示。

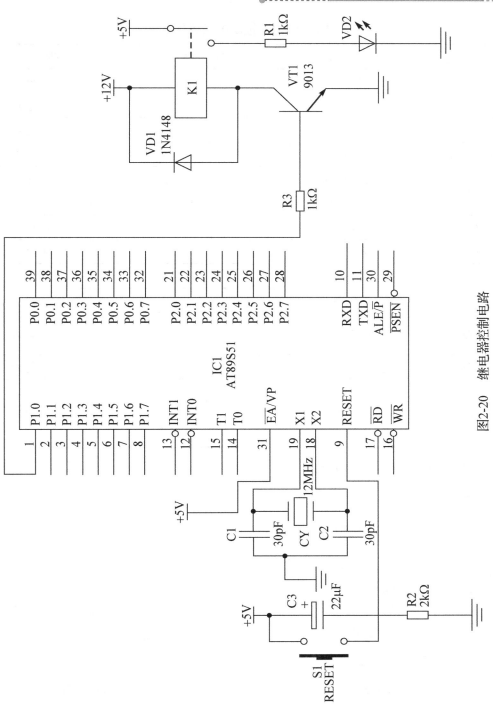

图2-20　继电器控制电路

表 2-8　继电器控制电路元件清单

代　号	名　称	实　物　图	规　格
R1	电阻		1kΩ
R2	电阻		2kΩ
R3	电阻		1kΩ
C1、C2	瓷介电容		30pF
C3	电解电容		22μF
S1	轻触按键		
CY	晶振		12MHz
IC1	单片机		AT89S51
	IC 插座		40 脚
VT1	三极管		9013
VD1	开关二极管		1N4148
VD2	发光二极管		红色φ5
K1	继电器		12V

继电器引脚图如图 2-21 所示。

3．电路制作

继电器控制电路装接图如图 2-22 所示。

图 2-21　继电器引脚图

图 2-22　继电器控制电路装接图

注意：继电器所需电源为 12V，需另外接。

4．电路的调试

通电之前先用万用表检查各种电源线与地线之间是否有短路现象。

给硬件系统加电，检查所有插座或器件的电源端的电压是否符合要求的电压值，接地端电压是否 0V。不插入单片机，用一根导线，一端接+5V，另一端碰触 IC 插座的 1 脚，听继电器是否有吸合声。

二、程序编写

实现继电器周期性吸合和释放的程序如下：

```
           ORG 0000H            ;复位入口地址
           LJMP MAIN            ;转移到主程序 MAIN
MAIN:      CPL P1.0             ;P1.0取反，继电器交替吸合和释放
           LCALL DELAY          ;调延时子程序
           LJMP MAIN            ;循环执行主程序
DELAY:     MOV R0,#0FFH         ;延时子程序
LOOP2:     MOV R1,#0FFH
LOOP1:     DJNZ R1,LOOP1
           DJNZ R0,LOOP2
           RET
```

三、程序调试与烧写

程序调试无误后写入单片机的程序存储器，接通电源，观察电路运行情况。

 知识拓展

一、特殊功能寄存器

特殊功能寄存器简称 SFR（Special Function Register），在单片机中扮演着十分重要的角色。它们离散地分布在地址为 80H～FFH 的空间中，特殊功能寄存器的地址表如表 2-9 所示。

表 2-9 特殊功能寄存器的地址表

特殊功能寄存器名称	符 号	地 址	能否位寻址
P0 口	P0	80H	√
堆栈指针	SP	81H	
数据指针低字节	DPL	82H	
数据指针高字节	DPTR DPH	83H	

续表

特殊功能寄存器名称	符 号	地 址	能否位寻址
定时器/计数器控制	TCON	88H	√
定时器/计数器方式控制	TMOD	89H	×
定时器/计数器 0 低字节	TL0	8AH	×
定时器/计数器 1 低字节	TL1	8BH	×
定时器/计数器 0 高字节	TH0	8CH	×
定时器/计数器 1 高字节	TH1	8DH	×
P1 口	P1	90H	√
电源控制	PCON	97H	×
串行控制	SCON	98H	√
串行数据缓冲器	SBUF	99H	
P2 口	P2	A0H	√
中断允许控制	IE	A8H	√
P3 口	P3	B0H	√
中断优先级控制	IP	B8H	√
定时器/计数器 2 控制	T2CON *	C8H	√
定时器/计数器 2 自动重装载低字节	RLDL *	CAH	×
定时器/计数器 2 自动重装载高字节	RLDH *	CBH	×
定时器/计数器 2 低字节	TL2 *	CCH	×
定时器/计数器 2 高字节	TH2 *	CDH	×
程序状态字	PSW	D0H	√
累加器	A	E0H	√
B 寄存器	B	F0H	√

注：表中带*的寄存器与定时器/计数器 2 有关，只在 MCS-52 子系列芯片中存在。

二、堆栈

堆栈是在单片机 RAM 中，专门划出的一个特殊区域，这个区域占用 RAM 低 128 个单元中的若干个单元，主要用于子程序调用及返回、中断处理断点的保护及返回，它在完成子程序嵌套和多重中断处理中是必不可少的。为了正确存取堆栈区内的数据，进入栈区的数据遵循"先进后出"的原则，并需要一个寄存器来指示最后进入堆栈的数据所在存储单元的地址，这个寄存器叫做堆栈指针 SP。对于堆栈，应掌握以下几点。

（1）堆栈指针 SP：用来指出当前栈顶的存储单元的地址。

（2）栈底地址：用来确定堆栈的深度。栈底地址可以指向内部 RAM 中任一单元，且堆栈向上生长，当堆栈中没有数据时，栈顶和栈底是同一个单元，将数据压入堆栈后SP 寄存器内容增大。MCS-51 单片机系统复位后，栈底的地址为 07H，实际编程时，最好先将 SP 设置到 RAM 地址的高端，如 60H 以上，避免堆栈中的数据破坏用户放在 RAM 中的临时数据。指令如下：

```
MOV SP,#60H
```

（3）堆栈原则：堆栈操作遵循"先进后出"的原则。当把多个数据压入堆栈时要特别注意该原则。

堆栈的结构及工作原理与子弹弹夹的结构和工作原理十分相似，如图 2-23 所示。先进入堆栈的数据处于堆栈的下面，最后进入堆栈的数据总是在栈顶的位置，堆栈指针的值即为栈顶的地址。这 4 个数据的压栈顺序为 96H、2AH、58H、32H，根据"先进后出"的原则，这 4 个数据的出栈顺序为 32H、58H、2AH、96H。

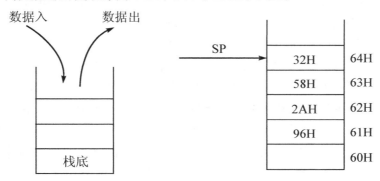

图 2-23　堆栈结构及工作原理

 项目评价

项 目 检 测		分值	评 分 标 准	学生自评	教师评估	项目总评
任务知识内容	认识掌握 I/O 口的使用	15	能叙述 I/O 结构			
	掌握 I/O 口常用接口电路	15	会设计各种 I/O 接口电路			
	画出广告灯电路	20	设计出广告灯电路			
	编写相应程序	30	能根据硬件图编出相应的源程序			
	安全操作	10	工具使用、仪表安全			
	现场管理	10	出勤情况、现场纪律、协作精神			

项目小结

（1）MCS-51 系列单片机有 4 个 8 位并行输入/输出接口：P0 口、P1 口、P2 口和 P3 口，共计 32 根输入/输出线，作为与外部电路联络的引脚。这 4 个接口可以并行输入或输出 8 位数据，也可以按位使用，即每 1 位均能独立作为输入或输出使用。每个口都可作为通用 I/O 接口，但其功能又有所不同。其中 P1 口只能构成输入/输出接口；P0 口除了可作为通用 I/O 口使用之外，又构成系统的数据总线和地址总线的低 8 位；P2 口除了可作为通用 I/O 口使用外，又构成系统的地址总线的高 8 位；P3 口可作为通用 I/O 口使用，它的每一根口线又都兼有第二功能。

（2）在使用 MCS-51 系列单片机驱动 LED 发光二极管或数码管时，要特别注意其驱动电流。一般来讲，由于 P1～P3 口内部上拉电阻较大，约为 20～40kΩ，属于"弱上拉"，因此 P1～P3 口引脚输出高电平电流 I_{OH} 很小（约为 30～60μA），不足以点亮发光二极管，需要增加驱动电路。而输出低电平时，下拉 MOS 管导通，可吸收 1.6～15mA 的灌电流，负载能力较强，可以直接点亮发光二极管，而不需要额外增加驱动电路。

（3）片内数据存储器（内部 RAM）和片内程序存储器（内部 ROM）是供用户使用的重要单片机硬件资源。片内数据存储器即所谓的内部 RAM，主要用于数据缓冲和中间结果的暂存。其特点是掉电后数据即丢失。片内程序存储器又称为只读存储器，无法通过指令写入数据和修改其中的数据，只能通过特殊的方法（如编程器和下载线）才能写入或擦除，掉电后数据也不会丢失。程序存储器主要用来存放程序，但有时也会在其中存放数据表。

 思考与练习

1. 对于广告灯的闪烁、音频电路的单频率声音和继电器周期性吸合及释放，这些程序基本相同，只是延时时间不同，想一想对于每一个任务，各自的延时时间多长比较合适？

2. 已知运行指令 MOV R0，#0FFH 需要 1μs，运行指令 DJNZ R0，LOOP 需要 2μs，试计算下面两个延时程序的延时时间。

（1）单级循环延时程序：

```
        MOV R0,#0FFH           ;延时程序
LOOP2:  DJNZ R0,LOOP2
```

（2）循环嵌套延时程序：

```
        MOV R0,#0FFH           ;延时程序
```

```
LOOP2:    MOV R1,#0FFH
LOOP1:    DJNZ R1,LOOP1
          DJNZ R0,LOOP2
```

制作点阵显示电路

LED 点阵显示模块是一种能显示字符、图形和汉字的显示器件，具有价廉节电、使用寿命长、易于控制等特点；它广泛应用于各种公共场合，如车站、机场公告、商业广告、体育场馆、港口机场、客运站、高速公路、新闻发布、证券交易等方面。

 知识目标

1. 熟悉 LED 点阵显示模块的结构。
2. 掌握 LED 点阵显示电路的显示方式及编程。
3. 理解并运用相关指令。

 技能目标

1. 掌握 LED 点阵模块的检测方法。
2. 掌握点阵显示电路的制作。
3. 能编写相应的字符显示程序并写入芯片。

任务一　认识点阵显示模块

一个 LED 点阵显示模块一般是由 $M \times N$ 个 LED 发光二极管组成的矩阵，有的点阵中的每个发光二极管是由双色发光二极管组成的，即双色 LED 点阵显示模块，由多个 LED 点阵显示模块可组成点阵数更高的点阵，如 4 个 8×8 LED 点阵显示模块可构成 16×16 点阵。

 基本知识

一、点阵显示模块的结构及引脚

一个 8×8 LED 单色点阵显示模块是由 64 只发光二极管按一定规律安装成方阵，将其内部各二极管引脚按一定规律连接成 8 根行线和 8 根列线，作为点阵模块的 16 根引脚，最后封装起来构成的，如图 3-1（a）所示。双色点阵显示模块的内部是由双色发光二极管组成的，列线数不变，行线数增加 1 倍，共有 24 根引脚，如图 3-1（b）所示。

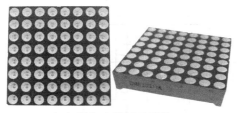
（a）单色点阵显示模块

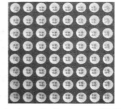
（b）双色点阵显示模块

图 3-1　8×8LED 点阵显示模块

二、8×8 LED 点阵显示模块的分类及其电路结构

要想让点阵显示器显示字符、文字等内容，就必须要弄清楚点阵显示模块的电路结构，只有了解了这些之后，你才能够知道用什么方法来控制它。

点阵显示器的电路连接图有共阴极和共阳极两种。如图 3-2 所示为共阴极 8×8 点阵内部结构图，每一行由 8 个 LED 组成，它们的正极都连接在一起，每一列也由 8 个 LED 组成，它们的负极都连接在一起，行接正、列接负，则其对应的 LED 就会发亮；如图 3-3 所示为共阳极 8×8 点阵内部结构图，每一行由 8 个 LED 组成，它们的负极都连接在一起，每一列也由 8 个 LED 组成，它们的正极都连接在一起，行接负、列接正，则其对应的 LED 就会发亮。这里要注意：我们要站在列的角度上来看是共阴或是共阳的。

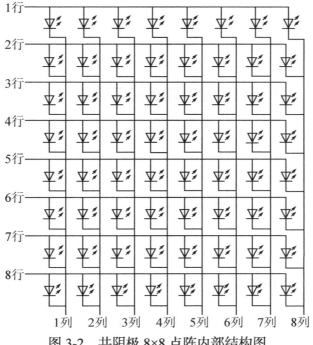

图 3-2　共阴极 8×8 点阵内部结构图

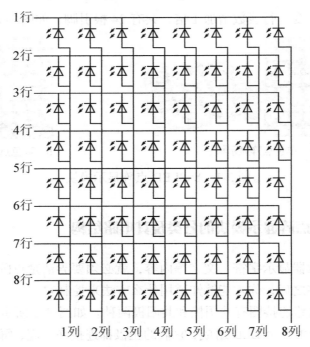

图 3-3　共阳极 8×8 点阵内部结构图

 议一议

通常显示汉字需要 16×16 点阵,若将 4 个 8×8 点阵模块拼装成 16×16 点阵显示模块,应如何拼装,如何连线?

 基本技能

技能实训一　点阵显示模块的识别与检测

实训目的

（1）掌握点阵显示模块的内部电路。

（2）掌握点阵显示模块识别和检修的方法。

实训内容

一、手工焊接一个 8×8 点阵

任务要求:用 64 个发光二极管在万能实验板上焊接一个 8×8 点阵,并引出 8 根列线和 8 根行线。

1. 8×8 点阵电路图

8×8 点阵电路图如图 3-4 所示。由图可知，每列的 8 个发光二极管的负极连接在一起，并分别引出 8 根线，即 8 根列线 DC1～DC8；每行的 8 个发光二极管的正极连接在一起，并分别引出 8 根线，即 8 根行线 DR1～DR8。欲点亮某只发光二极管，必须在其所在的列线上加低电平，在其所在的行线上加高电平。

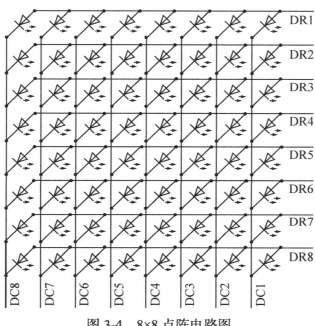

图 3-4　8×8 点阵电路图

2. 焊接实物图

焊接时注意列线和行线的正确连接方法，焊接实物图如图 3-5 所示。

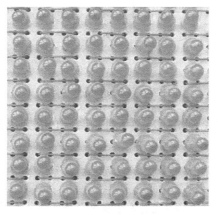

图 3-5　焊接实物图

3．安装注意事项

① 每只二极管插装时正极朝着一个方向。

② 每列每行要在一条直线上。

③ 列线可从上边（或下边）引出，行线可从左边（或右边）引出。

④ 注意焊接时间要短，否则损坏发光管。

二、LED 点阵显示模块的识别和检测

在使用 LED 点阵显示模块时首先要判别它的引脚，一般它并不是我们想象的那样按顺序排列好，而是需要用万用表或者测量电路进行判别。

1．欧姆表检测法

应将万用表转换到欧姆挡的×10k 挡，因为一般万用表欧姆挡的×10k 挡使用的是 9V 电池或者 15V 电池供电，大于发光二极管的导通电压，能够使发光二极管导通而发出微弱的光，欧姆挡的其他挡使用的是 1.5V 电池供电，达不到发光管的开启电压（即正向导通电压），测量效果不明显。

随机找两个引脚测试（其原理与测量二极管基本相同），看着前面的 LED 有没有点亮的，没有则改其他引脚再试，有则将引脚位置、点亮的 LED 的行、列位置和极性记录下来；如果全没有，则调换表笔，再测一遍，如图 3-6 所示。

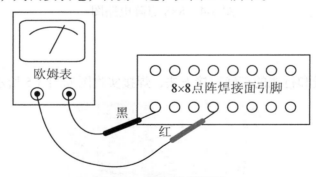

图 3-6　欧姆表检测法

最后我们将得到一份完整的 LED 点阵列数据表，根据该数据表就可以确定每根列线和行线所对应的引脚。

2．电路测量法

电路测量法如图 3-7 所示。该方法点亮发光二极管的亮度高，更加方便直观。

一种共阴型 8×8 LED 点阵显示模块的引脚图如图 3-8 所示。其中字母 C 表示列引脚，字母 R 表示行引脚。如第 16 脚为 C8，是第 8 列引脚；第 1 脚为 R4，是第 4 行引脚。

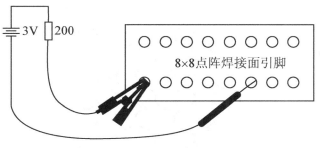

图 3-7　电路测量法

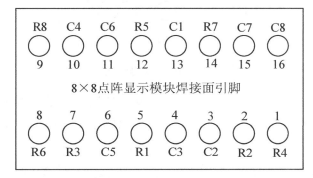

图 3-8　一种共阴型 8×8LED 点阵显示模块的引脚图

实际应用中，LED 点阵显示模块有多种型号，引脚排列不尽相同，需要时可亲自测量或查阅相关资料。

任务二　制作点阵显示电路

我们可以把显示器的每一个点理解为一个像素，而把每一个字的字形理解为一幅图像。事实上这个 8×8 点阵显示屏不仅可以显示字符，也可以显示 64 像素范围内的任何图形。关键问题是如何控制发光显示。

 基本知识

一、点阵显示电路的显示方式及编程

1. 字符的编码方式

要想显示字符，首先需要确定所显示字符的行码，即对应某一列的 8 根行线的电平值。确定行码的方法如图 3-9 所示。比如我们要显示字符"2"，步骤为：首先在纸上画出 8×8 共 64 个圆圈，然后将需要显示的笔画处的圆圈涂黑，最后再逐列确定其所对应的十六进制数。比如第二列的亮灭为（由高位到低位，低电平亮，高电平灭）：灭亮亮灭灭灭亮亮，其对应的二进制数为 10011100B，对应的十六进制数为 9CH。

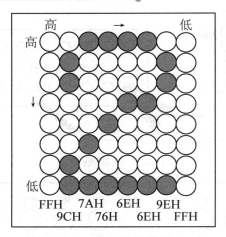

图 3-9   确定行码的方法

你如果觉得使用这种方法获得字符编码太麻烦的话，这里告诉你一个方法，我们可以从网上下载一个字模生成软件，只要输入要显示的字符，单击"生成字模"就可以输出各行码并自动创建一个行码表，如图 3-10 所示。

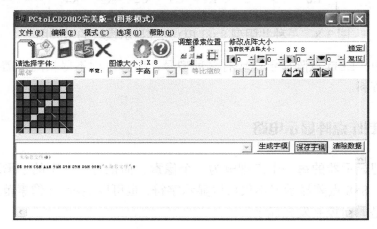

图 3-10   字模生成软件

注意：行码值还与点阵是共阳极还是共阴极有关，即阳码或阴码。

2．字符的显示方式

有了字符每一列的行码，下面就是如何显示的问题。

点阵的显示方式采用一种叫做动态扫描的方式进行显示。设从左到右的扫描顺序，列线接单片机 P2 口，行线接单片机 P0 口，其过程可用如图 3-11 所示的流程图来表示。从程序的流程图可以看出，其实是一列一列显示的，每显示一列都加入了一定的延时，如果延时时间较长，我们看到的就是从左到右轮流显示的，如果我们把延时时间缩短到足够短时，由于人的眼睛的视觉暂留现象，人的主观感觉就是每列都在亮。

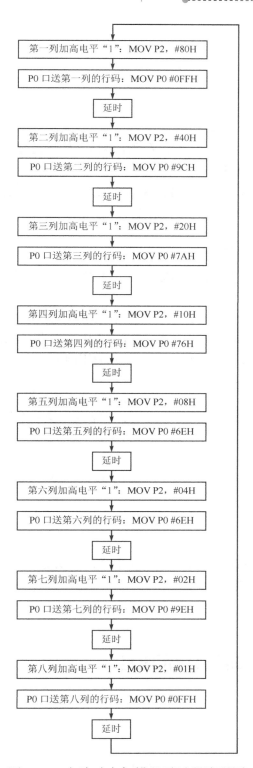

图 3-11   点阵动态扫描显示过程流程图

二、相关指令

1. DB

格式：[标号：]　DB　字节数据表

定义字节数据的伪指令，常用来定义数据表格。作用是把 8 位二进制数分别存入从标号开始的连续的存储单元中。

如：CHAR:DB　0C0H,0F9H,0A4H,0B0H,99H,92H,82H,0F8H,80H,90H；表示从标号 CHAR 开始的地方将数据从左到右依次存放在指定的地址单元。

2. MOVC A,@A+DPTR

把 A+DPTR 所指程序存储单元的值送 A，常用于查找存放在程序存储器中的表格的数据。例如：

```
DISP:    MOV DPTR,#TAB            ;将表的首地址送入 DPTR
         MOV A,#00H              ;把表中要查找的数据号码送入 A 中
         MOVC A,@A+DPTR          ;把表中的第 0 数据 0FFH 送入 A
         MOV P1,A                ;送到 P1 口
         MOV A,#01H              ;准备查表中的第二个数据
         MOVC A,@A+DPTR          ;把表中的第一个数据 9CH 送入 A
         MOV P1,A                ;送到 P1 口
         RET
TAB:     DB  0FFH,9CH,7AH,76H,6EH,6EH,9EH,0FFH  ;字符"2"的行码表
（0~7 共 8 个）
```

 议一议

指令 MOVC A，@A+DPTR 常称为查表指令，其功能是什么，如何使用该条指令？它应该和哪一条伪指令相对应。

 基本技能

技能实训二　制作点阵显示电路

实训目的

（1）会制作 LED 点阵显示电路。

（2）能根据点阵显示电路编写相应的程序。

（3）能进行程序的调试与烧写。

实训内容

任务要求：单片机的 I/O 接一个 8×8 LED 点阵显示模块，其中 P0 口接行线，P2 口接列线，编程实现在 8×8 LED 点阵上显示循环左右移动的柱形、静止字符和滚动字符。

一、硬件电路制作

1. 电路原理图

根据系统实现的功能，硬件电路主要包括复位、晶振及点阵显示电路，如图 3-12 所示。

LED 点阵显示电路：为使电路和程序简单，采用一片 8×8 LED 点阵显示模块。

由于本项目是一个 8×8 LED 点阵显示电路，电路接口较少，也比较简单，所以我们考虑将单片机的 P2 口通过 74LS244 连接到点阵模块区域中的"DR1～DR8"端口上；将 P0 口直接连接到点阵模块区域中的"DC1～DC8"端口上。

2. 元件清单

LED 点阵显示电路元件清单如表 3-1 所示。

表 3-1　LED 点阵显示电路元件清单

代　　号	名　　称	实　物　图	规　　格
R1	电阻		10kΩ
C1、C2	瓷介电容		30pF
C3	电解电容		10μF
S1	轻触按键		
CY	晶振		12MHz
IC1	单片机		AT89S51
	IC 插座		40 脚
IC2	单向总线驱动		74LS244
IC3	8×8LED 点阵		红单φ5
RP1	排阻		10kΩ

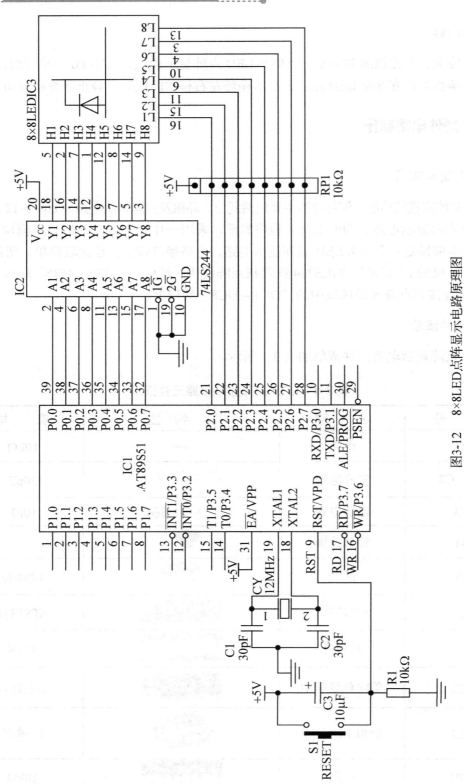

图3-12　8×8LED点阵显示电路原理图

3．电路制作

LED 点阵显示电路装接图如图 3-13 所示。

注意：点阵模块的引脚较多，引脚排序复杂，连线时一定要注意。

4．电路的调试

通电之前先用万用表检查各种电源线与地线之间是否有短路现象。

给硬件系统加电，不插入单片机，用一根导线，一端接地，另一端分别接触 IC 插座的 32～39 脚，用另一根导线，一端接+5V，另一端分别接触 IC 插座的 21～28 脚，观察点阵显示模块中每个二极管是否正常发光。

二、编写程序

1．循环移动的柱形

循环移动的柱形如图 3-14 所示。

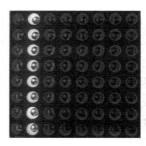
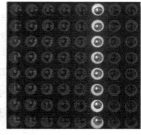

图 3-13　LED 点阵显示电路装接图　　　　图 3-14　循环移动的柱形

如何能在 8×8 LED 点阵上显示一个竖直的柱形，并让其先从左到右平滑移动两次，然后再从右到左平滑移动两次，而且如此循环下去呢？我们看看如图 3-2 所示的 8×8 LED 点阵的结构图就明白了。

从图 3-2 中可以看出，8×8 点阵共由 64 个发光二极管组成，且每个发光二极管是放置在行线和列线的交叉点上，当对应的 DC 端置 1 电平，而某一 DR 端置 0 电平，则相应的二极管就亮；因此要实现一根柱形的亮法，对应的一列为一根竖柱，或者对应的一行为一根横柱，因此实现柱的亮的方法如下所述。

一根竖柱：对应的列置 1，而行则采用扫描的方法来实现。

一根横柱：对应的行置 0，而列则采用扫描的方法来实现。

参考程序：

```
START:   NOP
         MOV R3,#2                    ;设定循环次数
```

```
LOOP2:    MOV R4,#8
          MOV R2,#0            ;查表指针初值
LOOP1:    MOV P2,#0FFH         ;将 P2 口全部送 "1"
          MOV DPTR,#TAB        ;指向表首地址
          MOV A,R2
          MOVC A,@A+DPTR       ;查表
          MOV P0,A             ;将查表的结果送入 P0 口
          INC R2               ;查表指针加一，准备查下一个数据
          LCALL DELAY          ;调用延时程序，延时
          DJNZ R4,LOOP1        ;判断是否全保护显示完
          DJNZ R3,LOOP2        ;循环
          MOV R3,#2
LOOP4:    MOV R4,#8
          MOV R2,#7            ;查表指针初值
          LOOP3:  MOV P2,#0FFH ;将 P2 口全部送 "1"
          MOV DPTR,#TAB        ;指向表地址
          MOV A,R2
          MOVC A,@A+DPTR       ;查表
          MOV P0,A             ;将查表的结果送入 P0 口
          DEC R2               ;查表指针减一，准备查下一个数据
          LCALL DELAY          ;延时
          DJNZ R4,LOOP3
          DJNZ R3,LOOP4
          LJMP START
DELAY:    MOV R5,#10           ;延时程序
D2:       MOV R6,#20
D1:       MOV R7,#250
          DJNZ R7,$
          DJNZ R6,D1
          DJNZ R5,D2
          RET
TAB: DB 0FEH,0FDH,0FBH,0F7H,0EFH,0DFH,0BFH,07FH
          END
```

2．显示静止字符

显示汉字一般最少需要 16×16 或更高的分辨率。由于使用的是 8×8 的点阵模块，所以这里编写一个显示静止字符 "2" 的程序，静止的字符 "2" 如图 3-15 所示。

首先可以利用字模生成软件，生成字符 "2" 的行码表。

这里通过循环移位指令和查行码表指令，使程序简短明了。

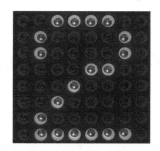

图 3-15 静止的字符 "2"

参考程序：

```
            ORG 0000H
            LJMP START
START:      MOV 30H,#00H
            MOV R2,30H
            MOV R0,#08H              ;循环计数
            MOV R3,#7FH              ;00000001B用于循环左移扫描
MAIN:MOV A,R2                        ;计数初值送给A
            MOV DPTR,#TAB            ;指向表地址
            MOVC A,@A+DPTR           ;查表
            MOV P0,A                 ;送字
            MOV A,R3
            MOV P2,A                 ;扫描列
            LCALL  DELAY             ;调用延时程序，延时
            RR A                     ;循环右移
            MOV R3,A
            INC R2
            DJNZ R0,FAN
            MOV R0,#08H
            MOV R2,30H
            MOV R0,#08h
            MOV R3,#7FH
FAN: LJMP MAIN
DELAY:      MOV R7,#0FFH             ;延时程序
LOOP:DJNZ R7,LOOP
            RET
TAB: DB 00H,63H,85H,89H,91H,91H,61H,00H ;字符"2"的行码表
            END
```

3. 显示滚动字符

一个 8×8 的点阵模块只能显示一个字符，我们若要显示更多的字符，可以采取使字符左右滚动或上下滚动显示。这里我们编写一个向左滚动显示字符"23"的程序，滚动的字符"23"如图 3-16 所示。

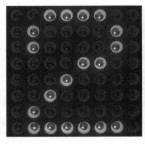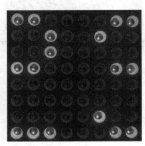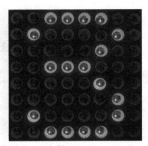

图 3-16　滚动的字符"23"

要使显示的内容滚动，我们可以使用一个变量，在查行码表时，不断改变每一列所对应的行码，产生滚动效果。比如，第一次显示时，第一列对应第一列的行码，第二次显示时，第一列对应第二列的行码。

参考程序：

```
           ORG 0000H
           LJMP START
START:     MOV 30H,#00H          ;初始时从表中第一个行码取起
MAIN:      MOV R6,#50            ;循环次数，决定滚动快慢
GOON:      LCALL DISP
           DJNZ R6,GOON
           MOV A,30H
           INC A                 ;第一列对应的表中的行码数加1
           MOV 30H,A
           CJNE A,#08H,MAIN      ;第二个字符没显示完继续滚动
           MOV 30H,#00H          ;重新从第一个字符开始
           LJMP MAIN
DISP:      MOV R2,30H            ;循环计数
           MOV R0,#08H           ;每次取八个行码显示
           MOVR R3,#7FH          ;01111111B用于循环左移扫描
XIAN:      MOV A,R2              ;计数初值送给A
           MOV DPTR,#TAB         ;指向表地址
           MOVC A,@A+DPRT         ;查表
           MOV P0,A              ;送字
           MOV A,R3
```

```
        MOV P2,A                          ;扫描列
        LCALL DELAY                       ;调用延时程序，延时
        RR A                              ;循环右移
        MOV R3,A
        INC R2
        DJNZ R0,XIAN
        MOV R0,#08H
        RET
DELAY:  MOV R7,#0FFH                      ;延时程序
LOOP:   DJNZ R7,LOOP
        RET
TAB:    DB 00H,63H,85H,89H,91H,91H,61H,00H    ;字符"2"的
行码表
        DB 00H,42H,91H,91H,91H,0A9H,46H,00H   ;字符"3"的
行码表
        END
```

说明：使字符左右或上下滚动的方法很多，比如也可以通过逐次增加或减小 DPTR 的值来实现，移动快慢可以使用定时器/计数器实现。

自己动手改写程序，使字符向右移动或向上移动。

 知识拓展

一、视觉暂留现象

物体在快速运动时，当人眼所看到的影像消失后，人眼仍能继续保留其影像 0.1 ~ 0.4 s 左右的图像，这种现象被称为视觉暂留现象。视觉暂留是人眼具有的一种性质。人眼观看物体时，成像于视网膜上，并由视神经输入人脑，感觉到物体的像。但当物体移去时，视神经对物体的印象不会立即消失，而要延续 0.1 ~ 0.4s 的时间，人眼的这种性质被称为"眼睛的视觉暂留"。

视觉暂留现象首先被中国人发现，走马灯是据历史记载中最早的视觉暂留运用。宋朝已有走马灯，当时称 "马骑灯"。随后法国人保罗·罗盖在 1828 年发明了留影盘，它是一个用绳子在两面穿过的圆盘。盘的一面画了一只鸟，另一面画了一个空笼子。当圆盘旋转时，鸟在笼子里出现了。这证明了当眼睛看到一系列图像时，它一次保留一个图像。

二、LED 摇摇棒简介

1. LED 摇摇棒

LED 摇摇棒很好地利用了人眼的视觉暂留特性。摇摇棒实物图如图 3-17 所示，是基于 MCS-51 单片机控制 16 只 LED 发光二极管构成的，配合手的左右摇晃就可呈现一幅完整的画面，可以显示字符、图片等。

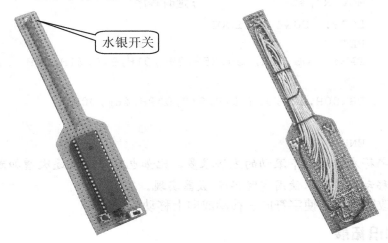

图 3-17　摇摇棒实物图

LED 摇摇棒的效果图如图 3-18 所示。

图 3-18　LED 摇摇棒的效果图

2. 基本原理与硬件电路设计

LED 摇摇棒的显示部分是由 16 只 LED 发光二极管组成的，作为画面每一列的显示，左右摇晃起到了扫描的作用，人眼的视觉暂留现象使得看到的是一幅完整的画面。因此 LED 摇摇棒可以看成是一个 16 行 N 列的点阵，只不过这 N 列发光二极管实际上只有 1 列，这 1 列发光二极管轮流显示 N 列的内容。N 值由显示的内容的长度决定，可以是任意值。

LED 摇摇棒电路原理图如图 3-19 所示。系统电源为 5V，下载程序和调试时一定要保证 5V 电压，实际使用时用 3 节干电池串联为 4.5V 即可。AT89S51 单片机作为控制器，在它的 P0、P2 口接有 16 只以共阳的方式连接的高亮度 LED，由单片机输出低电平点亮，串联在 LED 公共端的二极管会产生一定的压降，用来保护 LED，经实测 LED 点亮时两端电压为 3V 左右，在 LED 的安全承受范围内。K1 是画面切换开关，用于切换显示不同内容；S1 为水银开关。

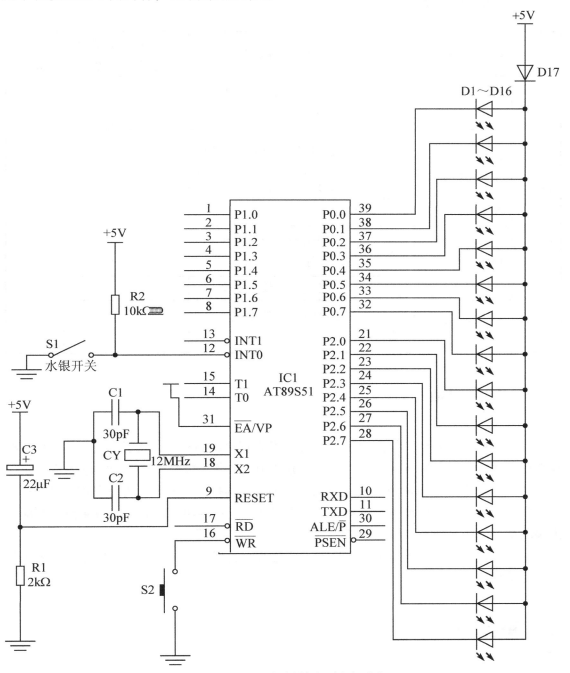

图 3-19　LED 摇摇棒电路原理图

水银开关的作用：棒在摇动时，只能在朝某一方向摇动时显示，否则会出现镜像字或镜像画面，所以通过接一只水银开关来控制，使摇摇棒从左向右摇动时将内容显示出来。

 项目评价

项 目 检 测		分值	评 分 标 准	学生自评	教师评估	项目总评
任务知识内容	认识点阵显示模块	15	熟悉点阵显示模块的结构与分类			
	测试点阵显示模块	15	判断模块质量及其引脚			
	画出点阵显示电路	20	会设计出点阵显示电路电路图			
	编出相应程序	30	能根据硬件图编出相应的源程序			
	安全操作	10	工具使用、仪表安全			
	现场管理	10	出勤情况、现场纪律、协作精神			

 项目小结

（1）8×8点阵显示模块结构的是由64只发光管组成的模块，其引出线位有8根行线和8根列线。一般情况下从行线角度来看分共阳极和共阴极两种，使用时应注意区分。

（2）实际的8×8点阵显示模块背面引脚为上下两排，并非一排为行引脚，另一排为列引脚，因此在应用中要查寻资料，弄清引脚排列情况。可以用万用表或直流电源测量模块的质量好坏，以及引脚排列情况。

（3）点阵显示模块的显示采用动态扫描方式，行线送扫描信号，列线送显示模码信号，并且扫描速度要适宜。

 思考与练习

1. 8×8点阵LED显示模块的结构是怎样的，共有多少个引脚？如何分类？

2. 如何使 8×8 点阵 LED 显示模块中的某个发光管发光？写出相应的指令段。

3. 如何使 8×8 点阵 LED 显示模块柱状发光，如何使柱状光移动？写出相应的指令段。

4. 如何使 8×8 点阵 LED 显示模块显示固定数字或字母？写出相应的指令段。

5. 使一串数字或字母游过点阵模块，设计出原理图，并写出相应程序。

制作 LED 数码计数牌

LED 是发光二极管的缩写。LED 在单片机的使用中非常普遍，既可被单独使用，作为信号指示或状态指示，又可组成 LED 显示器，即通常所说的数码管。由于其使用灵活、方便，与单片机的接口简单，所以生活中随处可见由 LED 构成的数码计数牌等电子产品。

 知识目标

1. 掌握 LED 数码管显示器的识别与检测。
2. 掌握 LED 数码管接口电路及编程。
3. 掌握键盘接口电路及编程。
4. 理解并运用相关指令。

 技能目标

1. 掌握 LED 数码管显示器的识别与检测。
2. 掌握一位 LED 数码计数牌电路的制作。
3. 掌握三位 LED 数码计数牌电路的制作。
4. 掌握相应电路的程序编写。

任务一 认识 LED 数码管

在单片机系统中，通常用 LED 数码管显示器来显示各种数字或符号。由于它具有显示清晰、亮度高、使用电压低、寿命长的特点，因此使用非常广泛。

 基础知识

还记得小时候玩的"火柴棒游戏"吗？几根火柴棒组合在一起，可以拼成各种各样的符号、图形，LED 数码管显示器实际上也是这么一个东西。

常用的 LED 显示器有 LED 状态显示器（俗称发光二极管）、LED 八段显示器（俗称数码管）和 LED 十六段显示器，如图 4-1 所示。发光二极管可显示两种状态，用于系统状态显示；数码管用于数字显示；LED 十六段显示器用于字符显示。

图 4-1　常用的 LED 显示器

下面重点介绍 LED 八段数码管显示器。

1. 数码管结构

八段 LED 显示器由 8 个发光二极管组成，其中 7 个长条形的发光管排列成"日"字形，另一个圆点形的发光二极管在显示器的右下角作为显示小数点用，如图 4-2 所示。通过不同的组合可用来显示数字 0~9，字符 a~f、h、l、p、r、u、y，符号"–"及小数点"."。

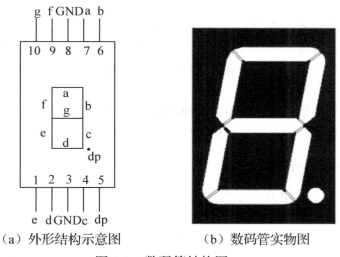

（a）外形结构示意图　　　　　（b）数码管实物图

图 4-2　数码管结构图

2. 数码管工作原理

LED 显示器有两种不同的形式：一种是 8 个发光二极管的阳极都连在一起，称之为共阳极 LED 显示器；另一种是 8 个发光二极管的阴极都连在一起，称之为共阴极 LED 显示器。如图 4-3 所示。

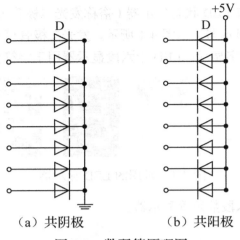

（a）共阴极　　　　　（b）共阳极

图 4-3　数码管原理图

共阳极数码管的 8 个发光二极管的阳极（二极管正端）连接在一起，通常，公共阳极接高电平（一般接电源），其他引脚接段驱动电路输出端。当某段驱动电路的输出端为低电平时，则该端所连接的字段导通并点亮，根据发光字段的不同组合可显示出各种数字或字符。

共阴极数码管的 8 个发光二极管的阴极（二极管负端）连接在一起，通常，公共阴极接低电平（一般接地），其他引脚接段驱动电路输出端。当某段驱动电路的输出端为高电平时，则该端所连接的字段导通并点亮，根据发光字段的不同组合可显示出各种数字或字符。

共阳极和共阴极数码管，都要求段驱动电路能提供额定的段导通电流，此时，需根据外接电源及额定段导通电流来确定相应的限流电阻。

3．数码管字形编码

共阴和共阳结构的 LED 显示器各笔画段名和安排位置是相同的，分别用 a、b、c、d、e、f、g 和 dp 表示，如图 4-1（a）所示。当二极管导通时，相应的笔画段发亮，由发亮的笔画段组合而显示各种字符。8 个笔画段 dpgfedcba 对应于一个字节（8 位）的 D7 D6 D5 D4 D3 D2 D1 D0，于是用 8 位二进制码就可以表示欲显示字符的字形代码。例如，对于共阳极 LED 显示器，当公共阳极接电源（为高电平），而阴极 dpgfedcba 各段为 11000000B 时，显示器显示"0"字符，即对于共阳极 LED 显示器，"0"字符的字形码是 C0H。如果是共阴极 LED 显示器，公共阴极接地（为低电平），显示"0"字符的字形代码应为 00111111B（即 3FH）。八段数码管常用字形编码表如表 4-1 所示。

表4-1　八段数码管常用字形编码表

显示字符	字形	共阳极								字形码	共阴极								字形码
		dp	g	f	e	d	c	b	a		dp	g	f	e	d	c	b	a	
0	$\square$	1	1	0	0	0	0	0	0	C0H	0	0	1	1	1	1	1	1	3FH
1		1	1	1	1	1	0	0	1	F9H	0	0	0	0	0	1	1	0	06H
2		1	0	1	0	0	1	0	0	A4H	0	1	0	1	1	0	1	1	5BH
3		1	0	1	0	0	0	0	0	B0H	0	1	0	0	1	1	1	1	4FH
4		1	0	0	1	1	0	0	1	99H	0	1	1	0	0	1	1	0	66H
5		1	0	0	1	0	0	1	0	92H	0	1	1	0	1	1	0	1	6DH
6		1	0	0	0	0	0	1	0	82H	0	1	1	1	1	1	0	1	7DH
7		1	1	1	1	1	0	0	0	F8H	0	0	0	0	0	1	1	1	07H
8		1	0	0	0	0	0	0	0	80H	0	1	1	1	1	1	1	1	7FH
9		1	0	0	1	0	0	0	0	90H	0	1	1	0	1	1	1	1	6FH
熄灭		1	1	1	1	1	1	1	1	FFH	0	0	0	0	0	0	0	0	00H

这里必须注意：很多产品为方便接线，常不按规则的方法去对应字段与位的关系，这时字形码就必须根据接线来自行设计了。

 基本技能

技能实训一　LED 数码管显示器识别与检测

实训目的

（1）掌握数码管的结构。

（2）了解数码管的型号。

（3）掌握数码管的检测方法。

实训内容

一、数码管结构

LED 数码管具有体积小、功耗低、耐震动、寿命长、亮度高、单色性好、发光响应的时间短等特点，能与 TTL、CMOS 电路兼容，在实际中应用广泛。常见的 LED 数码管有一位、二位和四位等。共阳极数码管的实物图、引脚图和原理图如表4-2所示。

表4-2　共阴极数码管的实物图、引脚图和原理图

	一位数码管	二位数码管	四位数码管
实物图			
引脚图			
原理图（共阳极型）			

二、数码管的型号

LED 数码管型号较多，规格尺寸也各异，显示颜色有红、蓝、绿、橙等，如表 4-3 所示列出了几种国产 LED 数码管的型号及主要参数和国外对应产品型号，可供选用时参考。

表 4-3 数码管的型号及主要参数

型 号	主 要 参 数	国外互换型号	型 号	主 要 参 数	国外互换型号
BS224	1 位 0.3 英寸 共阳/红/ 高亮	TLR332	BS341	1 位 0.5 英寸 共阴/绿	LTS547G
BS225	1 位 0.3 英寸 共阴/红/ 高亮	TLR332	BS342	1 位 0.5 英寸 共阳/绿	LTS546G
BS241	1 位 0.5 英寸 共阴/红/ 高亮	LTS547R	BS343	1 位 0.4 英寸 共阴/绿/ 高亮	GL8N056
BS242	1 位 0.5 英寸 共阳/红/ 高亮	LTS546R	BS344	1 位 0.4 英寸 共阳/绿/ 高亮	LTS4501AG
BS243	1 位 0.4 英寸 共阴/红/ 高亮	LTS4740AP	BS582	1 位 2.5 英寸 共阳/橙	M01231A
BS244	1 位 0.4 英寸 共阳/红/ 高亮	LTS4741AP	BS583	1 位 2.5 英寸 共阴/橙	M01231C

续表

型　　号	主　要参　数	国外互换型号	型　　号	主　要参　数	国外互换型号
BS247-2	1 位 1 英寸 共阴/红/高亮	GL8P01	2BS246	2 位 0.5 英寸 共阳/红	TLR325
BS266	1 位 0.8 英寸 共阳/红/高亮	HDSP-3401			

三、LED 数码管的检测方法

1．用数字万用表二极管挡检测

将数字万用表置于二极管挡时，其开路电压为+2.8V。用此挡测量 LED 数码管各引脚之间是否导通，可以识别该数码管是共阴极型还是共阳极型，并可判别各引脚所对应的笔段有无损坏。

（1）检测已知引脚排列的 LED 数码管

检测已知引脚排列的 LED 数码管如图 4-4 所示。将数字万用表置于二极管挡，黑表笔与数码管的 h 点（LED 的共阴极）相接，然后用红表笔依次去触碰数码管的其他引脚，触到哪个引脚，哪个笔段就应发光。若触到某个引脚时，所对应的笔段不发光，则说明该笔段已经损坏。

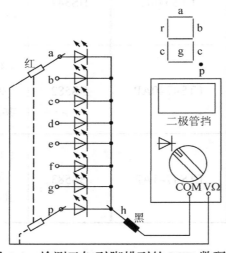

图 4-4　检测已知引脚排列的 LED 数码管

（2）检测引脚排列不明的 LED 数码管

有些市售 LED 数码管不注明型号，也不提供引脚排列图。遇到这种情况，可使用数字万用表方便地检测出数码管的结构类型、引脚排列，以及全笔段发光性能。

下面举一实例，说明测试方法。被测器件是一只彩色电视机用来显示频道的 LED 数码管，体积为 20mm×10mm×5mm，字形尺寸为 8mm×4.5mm，发光颜色为红色，采用双列直插式，共 10 个引脚。

① 判别数码管的结构类型。将数字万用表置于二极管挡，红表笔接在①脚，然后用黑表笔去接触其他各引脚，只有当接触到⑨脚时，数码管的 a 笔段发光，而接触其余引脚时则不发光，如图 4-5（a）所示。由此可知，被测管是共阴极类型，⑨脚是公共阴极，①脚则是 a 笔段。

② 判别引脚排列。仍使用数字万用表二极管挡，将黑表笔固定接在⑨脚，用红表笔依次接触②、③、④、⑤、⑧、⑩、⑦脚时，数码管的 f、g、e、d、c、b、p 笔段先后分别发光，据此绘出该数码管的内部结构和引脚排列（面对笔段的一面），如图 4-5（b）、（c）所示。

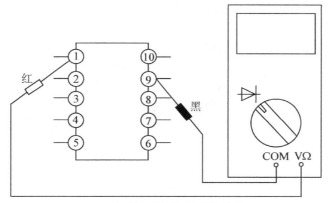

（a）判别数码管的结构类型

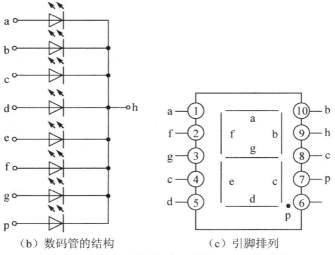

（b）数码管的结构　　　（c）引脚排列

图 4-5　检测引脚排列不明的 LED 数码管

③ 检测全笔段发光性能。前两步已将被测 LED 数码管的结构类型和引脚排列测出，接下来还应该检测一下数码管的各笔段发光性能是否正常，检测全笔段发光性能如图 4-6 所示。将数字万用表置于二极管挡，把黑表笔固定接在数码管的公共阴极上（⑨脚），并把数码管的 a～p 笔段端全部连接在一起。然后将红表笔接触 a～p 的连接端，此时，所有笔段均应发光，显示出 "日" 字。

在进行上述测试时，应注意以下几点：

① 检测中，若被测数码管为共阳极类型，则只有将红、黑表笔对调才能测出上述结果。特别是在判别结构类型时，操作时要灵活掌握，反复试验，直到找出公共电极（h）为止。

② 大多数 LED 数码管的小数点是在内部与公共电极连通的。但是，有少数产品的小数点是在数码管内部独立存在的，测试时要注意正确区分。

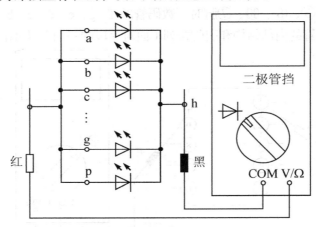

图 4-6　检测全笔段发光性能

2. 用数字万用表的 h_{FE} 挡检测

利用数字万用表的 h_{FE} 挡，能检查 LED 数码管的发光情况。若使用 NPN 插孔，这时 C 孔带正电，E 孔带负电。例如，在检查 LTS547R 型共阴极 LED 数码管时，从 E 孔插入一根单股细导线，导线引出端接（-）极（第③脚与第⑧脚在内部连通，可任选一个作为（-））；再从 C 孔引出一根导线依次接触各笔段电极，可分别显示所对应的笔段。若按图 4-7 所示电路，将第④、⑤、①、⑥、⑦脚短路后再与 C 孔引出线接通，则能显示数字 "2"。把 a～g 段全部接 C 孔引线，就显示全亮笔段，显示数字 "8"。

检测时，若某笔段发光黯淡，说明器件已经老化，发光效率变低。如果显示的笔段残缺不全，说明数码管已经局部损坏。注意，检查共阳极 LED 数码管时应改变电源电压的极性。

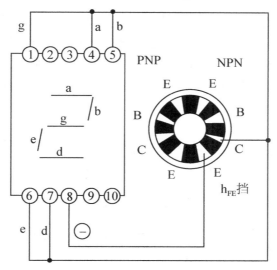

图 4-7 用数字万用表的 h_{FE} 挡检测共阴型数码管的连接图

如果被测 LED 数码管的型号不明，又无引脚排列图，可用数字万用表的 h_{FE} 挡进行测试。预先把 NPN 插孔的 C 孔引出一根导线，并将导线接在假定的公共电极（可任设一引脚）上，再从 E 孔引出一根导线，用此导线依次去触碰被测管的其他引脚。根据笔段发光或不发光的情况进行判别验证。测试时，若笔段引脚或公共引脚判断正确，则相应的笔段就能发光。当笔段电极接反或公共电极判断错误时，该笔段就不能发光。

需注意的是，h_{FE} 挡或二极管挡不适于检查大型 LED 数码管。由于大型 LED 数码管是将多只发光二极管的单个字形笔段按串、并联方式构成的，因此需要的驱动电压高（17V 左右），驱动电流大（50mA 左右）。检测这种管子时，可采用 20V 直流稳压电源，配上滑线电阻器作为限流电阻兼调节亮度，来检查其发光情况。

任务二　制作 LED 数码计数牌

在日常生活中，我们经常遇到需要计数的场合，利用 LED 数码管制作的计数牌结构简单、造价较低，因此使用非常广泛。

 基本知识

一、LED 数码管接口电路及编程

在单片机系统中，LED 数码管显示器通常分为静态显示和动态显示两类。

1. 静态显示接口电路及编程

静态显示是指数码管显示某一字符时，相应的发光二极管恒定导通或恒定截止。这

种显示方式的各位数码管相互独立，公共端恒定接地（共阴极）或接正电源（共阳极）。每个数码管的 8 个字段分别与一个 8 位 I/O 口地址相连，I/O 口只要有段码输出，相应字符即显示出来，并保持不变，直到 I/O 口输出新的段码，如图 4-8 所示。采用静态显示方式，占用 CPU 时间少，编程简单，显示便于监测和控制，但其占用的口线多，只适合于显示位数较少的场合。

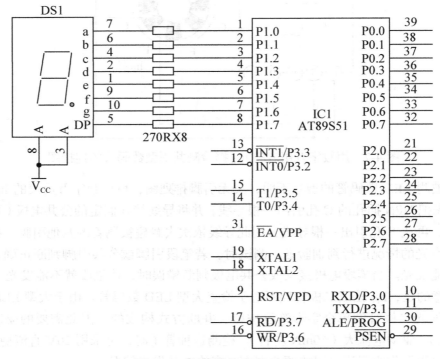

图 4-8 数码管静态显示接口

数码管静态显示常采用查表的方法，将要显示的 0～9 这 10 个数字的字型码存放在数据表格中，通常 DPTR 存放数据表格首地址，A 存放要显示的数据，利用 MOVC A,@A+DPTR 这条指令来查找字型码。

2. 动态显示接口电路及编程

动态扫描显示接口是单片机中应用最为广泛的方式之一。其接口电路是把所有显示器的 8 个笔画段 a～dp 同名端连在一起，而每一个显示器的公共极各自独立地受 I/O 线控制。CPU 向字段输出口送出字形码时，所有显示器接收到相同的字形码，但究竟是哪个显示器亮，则取决于公共端，而这一端是由 I/O 控制的，所以我们就可以自行决定何时显示哪一位了，如图 4-9 所示。而所谓动态扫描就是指我们采用分时的方法，轮流控制各个显示器的公共端，使各个显示器轮流点亮。

在轮流点亮扫描的过程中，每位显示器的点亮时间是极短的，但由于人的视觉暂留现象及发光二极管的余辉效应，尽管实际上各位显示器并不是同时点亮，但只要扫描的速度足够快，给人的感觉就是一组稳定的显示数据，不会有闪烁感。

在图4-9中，两个数码管的公共端由 PNP 型三极管控制，如果三极管导通，则相应的数码管就可以亮，而如果三极管截止，则相应的数码管就不会亮，三极管是由 P2.0、P2.1 控制的。这样我们就可以通过控制 P2.0、P2.1 达到控制某个数码管亮或灭的目的。

例如，在图4-9中，显示"54"，动态扫描的程序如下：

```
START:MOV P2,#0FFH          ;关闭所有LED
      MOV P1,#92H           ;送"5"的字形码
      MOV P2,#0FEH          ;打开左边的LED
      ACALL DELAY           ;延时
      MOV P1,#99H           ;送"4"的字形码
      MOV P2,#0FDH          ;打开右边的LED
      ACALL DELAY           ;延时
      AJMP START            ;重新开始
DELAY:MOV R5,#0FFH          ;延时子程序
LOOP :MOV R6,#0FFH
      DJNZ R6,$
      DJNZ R5,LOOP
      RET
      END
```

上述程序中，延时时间的长短由实际情况而定，延时时间太长，会产生闪烁感，延时时间太短，则亮度降低。

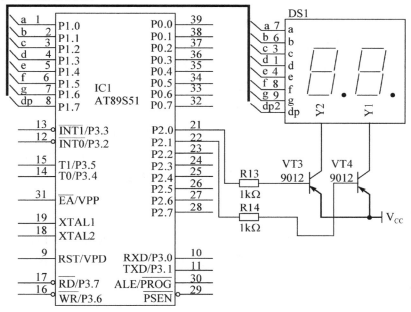

图4-9　数码管动态扫描显示接口

二、键盘接口电路及编程

键盘是由若干按键组成的开关矩阵，它是微型计算机最常用的输入设备，用户可以通过键盘向计算机输入指令、地址和数据。一般单片机系统用软件来识别键盘上的闭合键，它具有结构简单，使用灵活等特点，因此被广泛应用于单片机系统。

1. 键盘工作原理

机械式按键在按下或释放时，由于机械弹性作用的影响，通常伴随有一定时间的触点机械抖动，然后其触点才稳定下来。按键触点的机械抖动过程如图 4-10 所示，抖动时间的长短与开关的机械特性有关，一般为 5~10ms。

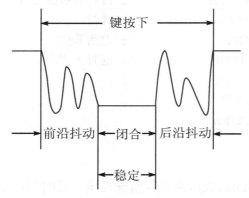

图 4-10　按键触点的机械抖动过程

在触点抖动期间检测按键的通与断状态，可能导致判断出错。即按键一次按下或释放被错误地认为是多次操作，这种情况是不允许出现的。为使 CPU 能正确地读出 I/O 口的状态，对每一次按键只做一次响应，就必须考虑如何去除抖动，常用软件法去除抖动。软件法其实很简单，就是在单片机获得 I/O 口为低的信息后，不是立即认定按键已被按下，而是延时 10ms 或更长一些时间后再次检测 I/O 口，如果仍为低，说明按键的确按下了，这实际上是避开了按键按下时的抖动时间。而在检测到按键释放后（I/O 口为高）再延时 5~10ms，消除后沿的抖动，然后再对键值处理。不过一般情况下，我们通常不对按键释放的后沿进行处理，实践证明，也能满足一定的要求。

2. 独立式按键

单片机控制系统中，往往只需要几个功能键。此时，通过 I/O 口连接，将每个按键的一端接到单片机的 I/O 口，另一端接地，这是最简单的方法，称为独立式按键，如图 4-11 所示。

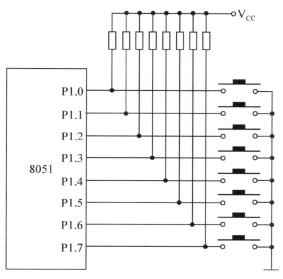

图 4-11 独立式按键电路

对于独立式按键主程序可以采用不断查询的方法来进行处理，即，如果只有一个独立式按键，检测是否闭合，如果闭合，则去除键抖动后再执行按键程序；如果有多个独立式按键，可以依次逐个查询处理。以 P1.0 所接按键为例，独立式按键编程流程图如图 4-12 所示。

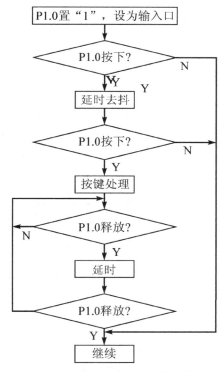

图 4-12 独立式按键编程流程图

在图 4-11 所示的独立式按键电路中，P1.0 所接按键的处理程序如下：

```
KEY:      SETB P1.0              ;置 P1.0 为输入
          JB P1.0,NEXT           ;按键是否按下，没按下直接返回
          LCALL DELAY            ;延时去抖
          JB P1.0,NEXT           ;再次判断是否按下
          ……                    ;按键处理程序
LOOP:     JNB P1.0,LOOP          ;按键是否释放
          LCALL DELAY            ;延时去抖
          JNB P1.0,LOOP          ;再次判断按键是否释放
NEXT:……
```

其他按键可依次分别逐个查询处理。

独立式按键的优点是电路简单，程序编写容易，但是每一个按键需要占用一个引脚，端口的资源消耗大。当系统需要按键数量比较多时，可以使用矩阵式按键。

3．矩阵式键盘

如图 4-13 所示，用一些 I/O 接口线组成行结构，用另一些 I/O 接口线组成列结构，其交叉点处不接通，设置为按键。利用这种行列结构只需要 M 条行线和 N 条列线，就可组成具有 $M \times N$ 的键盘，因此减少了键盘与单片机接口时所占用 I/O 接口的数目。

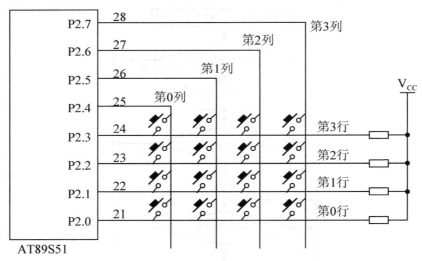

图 4-13　矩阵式键盘

（1）工作原理

键盘中有无键按下是由列线送入全扫描字，然后读入行线状态来判断的。方法是：向列线输出全扫描字 00H，将全部列线置为低电平，然后将行线的电平状态读入累加器 A 中。如果有键按下，总会有一根行线电平被拉至低电平，从而使行输入不全为 1。

键盘中哪一个键被按下是通过将列线逐列置低电平后，检查行输入状态实现的。方

法是：依次给列线送低电平，然后检查所有行线状态，如果全为 1，则所按下的键不在此列；如果不全为 1，则所按下的键必在此列，而且是在与低电平行线相交叉点的那个键。

（2）逐行扫描查询法的工作原理及步骤

① 判断有无键按下：将所有列设置为低电平 0，所有行设置为高电平 1，然后读入所有行线的状态，如果行线全部为高电平 1，则说明没有键按下，否则有键按下。因为如果有键按下，则按键所在的行、列线将短路，则与该键相连的行线被拉为低电平 0，所以由行线是否全为 1 就能判断是否有键按下。

② 按键延时去抖动：延时 10ms 左右，再检测是否仍有按键按下，如果仍有按键按下，则表示确实是有按键按下，否则表示只是干扰或抖动。

③ 判断按键列号，暂存列值和行状态：依次设置各列为低电平，读入行状态，如果将某一列设置为低电平 0 后，读入的行状态不全为高电平 1，则说明该列有按键按下，将该列的列值暂存起来，同时将当前的行状态保存起来，以便今后计算键值。

④ 等待按键释放：将列值和行状态保存以后，将等待按健释放，以保证按键按一次，只执行一次按键功能。

⑤ 判断按键行号：将暂存的行状态取出，依次判断按键在哪一行。

⑥ 计算键值：键值=行值×列数+列值

（3）程序清单

矩阵式键盘的扫描程序，大家可以查找相关参考资料。

三、相关指令

本项目相关指令主要有：MOVC、ANL、INC、MUL、DIV、JNB、DJNZ、CJNE。

（1）数据传送指令：MOVC

通用格式：MOVC A,@A+DPTR

例：MOV A，NUM　　　　　;将要显示数据送入累加器 A

　　MOV DPTR,CHAR　　　;将数据表格首地址送入 DPTR

　　MOVC A,@A+DPTR　　;将查表得到的数据送入累加器 A

此指令常用于数码管显示时字型码的查找。

（2）逻辑运算指令：ANL

通用格式：ANL <目的操作数>,<源操作数>

例：ANL A，#0FH　　　　;将 A 中数据与立即数#0FH（00001111B）按位进行与运算

ANL 逻辑与运算指令示意图如图 4-14 所示。

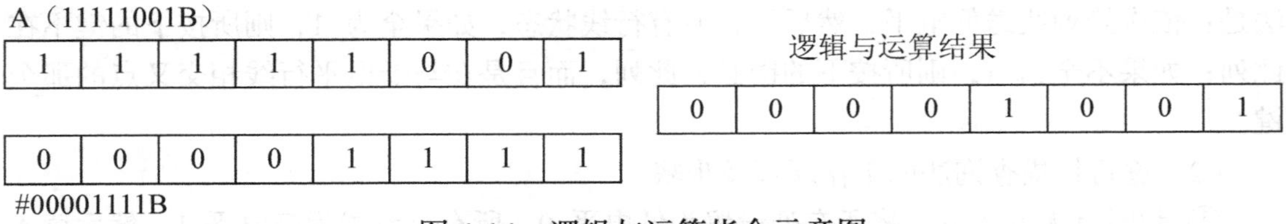

A（11111001B）

1	1	1	1	1	0	0	1

逻辑与运算结果

0	0	0	0	0	1	0	0	1

0	0	0	0	1	1	1	1

#00001111B

图 4-14　逻辑与运算指令示意图

（3）算术运算类指令：INC、MUL、DIV

加 1 指令：INC <源操作数>　　;将各种寻址方式中的数值加 1，然后再存回原来的位置

乘法指令：MUL AB　　;将 A 和 B 中的两个 8 位元符号数相乘，16 位的乘积的高 8 位存于 B 中，低 8 位存于 A 中

除法指令：DIV AB　　;两个 8 位元符号数的除法运算，其中被除数置于累加器 A 中，除数置于寄存器 B 中。除法指令执行后，商存放于 A 中，余数存放于 B 中

例：MOV A,#3　　; 累加器 A 送初值 3

　　INC A　　;（A）←（A）+1，A 中数值为 4

　　MOV B #6　　; 寄存器 B 送数值 6

　　MUL AB　　;A 中数值为 24，B 中数值为 0

　　INC A　　;（A）←（A）+1，A 中数值为 25

　　MOV B,#0AH　　; 寄存器 B 送数值#0AH ，即 10

　　DIV AB　　;A 中数值为 2，B 中数值为 5

（4）控制转移类指令：JNB、DJNZ、CJNE

JNB　bit,<相对地址>　　;直接位为 0，则相对转移

DJNZ <寄存器>,<相对地址>　　;先对寄存器中的数值减 1，若（寄存器）≠0，转移到相对地址处执行;若（寄存器）=0，则顺序执行

CJNE A, <操作数>,<相对地址>;将 A 中数据和操作数相比较，若（A）≠操作数，转移到相对地址处执行;若（A）=操作数，则顺序执行

 基本技能

技能实训二　制作一位 LED 数码计数牌

实训目的

（1）掌握数码管的使用方法。

（2）掌握数码管静态显示程序的编写和使用。

（3）掌握使用 Keil C 软件调试和编译程序。

（4）掌握使用 ISP 下载线下载程序。

实训内容

一、硬件电路制作

1. 电路原理图

根据任务要求，一位 LED 数码计数牌电路如图 4-15 所示。

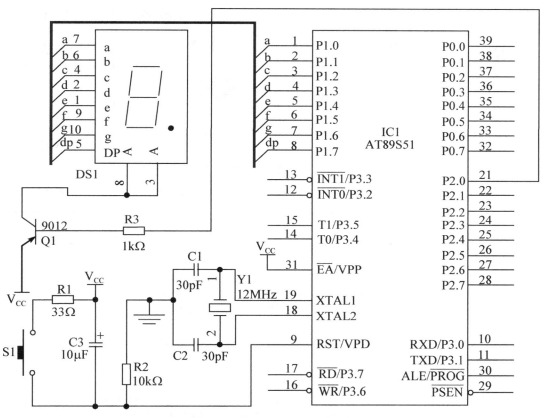

图 4-15　一位 LED 数码计数牌电路

2. 元件清单

一位 LED 数码计数牌元件清单如表 4-4 所示。

表 4-4　一位 LED 数码计数牌元件清单

代　号	名　称	实　物　图	规　格
R1	电阻		33Ω

续表

代　号	名　称	实　物　图	规　格
R2	电阻		10kΩ
R3	电阻		1kΩ
C1、C2	瓷介电容		30pF
C3	电解电容		10μF
Q1	PNP 三极管		9012
S1	轻触按键		
Y1	晶振		12MHz
U1	单片机		AT89S51
DS1	数码管		共阳型
	IC 插座		40 脚
	5V 电源接口		

3．电路制作步骤

对于简单电路，可以在万能实验板上进行电路的插装焊接。制作步骤如下：

① 按图 4-15 所示电路在万能实验板中绘制电路元器件排列布局图；

② 按布局图依次进行元器件的排列、插装；

③ 按焊接工艺要求对元器件进行焊接，背面用ϕ0.5mm ~ ϕ1mm 镀锡裸铜线连接，直到所有的元器件连接并焊完为止。

一位 LED 数码计数牌电路装接图如图 4-16 所示。

4．电路的调试

通电之前先用万用表检查各种电源线与地线之间是否有短路现象。

给硬件系统加电，检查所有插座或器件的电源端的电压是否符合要求的电压值，接地端电压是否为 0V。

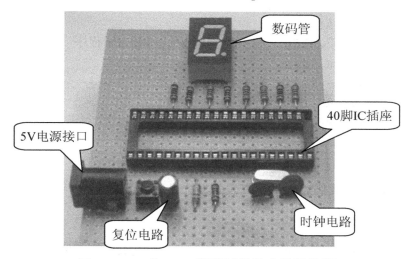

数码管

40脚IC插座

5V电源接口

复位电路

时钟电路

图 4-16 一位 LED 数码计数牌电路装接图

二、程序编写

1. 数码管为共阳型，不断向 P1 口送字形码

```
START: MOV P1,#0C0H              ;显示 0
       ACALL DELAY
       MOV P1,#0F9H              ;显示 1
       ACALL DELAY
       MOV P1,#0A4H              ;显示 2
       ACALL DELAY
       MOV P1,#0B0H              ;显示 3
       ACALL DELAY
       MOV P1,#99H               ;显示 4
       ACALL DELAY
       MOV P1,#92H               ;显示 5
       ACALL DELAY
       MOV P1,#82H               ;显示 6
       ACALL DELAY
       MOV P1,#0F8H              ;显示 7
       ACALL DELAY
       MOV P1,#80H               ;显示 8
       ACALL DELAY
       MOV P1,#90H               ;显示 9
       ACALL DELAY
```

```
            AJMP START
DELAY:      MOV R7,#1EH                    ;延时子程序
D3:         MOV R6,#21H
D2:         MOV R5,#0FAH
D1:         DJNZ R5,D1
            DJNZ R6,D2
            DJNZ R7,D3
            RET
```

这种方法很麻烦，我们通常采用查表的方法显示。

2. 数码管静态显示

```
            NUM EQU 40h                    ;定义数字变量
            ORG 0000H
            LJMP START                     ;转移到初始化程序
            ORG 0030H
START:      MOV NUM,#00H                   ;初始化变量初值
MAIN:       MOV A,NUM                      ;数字送A
            MOV DPTR,#CHAR                 ;字型码首地址存放DPTR
            MOVC A,@A+DPTR                 ;数字对应字型码送A
            MOV P1,A                       ;字型码送P1口显示
            SETB P2.0
            LCALL DELAY                    ;延时
            MOV A,NUM                      ;数字送A
            INC A                          ;加1
            CJNE A,#0AH,AA                 ;不等于10转AA
BB:         MOV A,#00H                     ;等于10，送初值0
AA:         MOV NUM,A                      ;保存数字
            LJMP MAIN                      ;循环，继续显示
DELAY:      MOV R7,#1EH                    ;延时子程序
D3:         MOV R6,#21H
D2:         MOV R5,#0FAH
D1:         DJNZ R5,D1
            DJNZ R6,D2
            DJNZ R7,D3
            RET
CHAR:DB 0C0H,0F9H,0A4H,0B0H,99H,92H,82H,0F8H,80H,90H ;共阳型字型
码表
            END
```

三、程序的调试与下载

（1）在编译完毕之后，选择"Debug"→"Start/Stop Debug Session"选项，如图4-17所示。或单击工具按钮 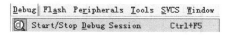 ，即进入仿真环境。

（2）单击菜单"Peripherals"→"I/O – Ports"→"Port 1"，此时，弹出P1口，如图4-18所示。

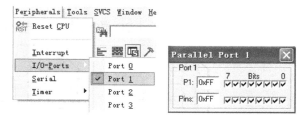

图4-17 调试菜单

图4-18 弹出P1口

（3）按下单步执行按钮（Step over） ，观察验证P1口的状态变化，如图4-19所示。

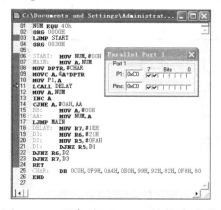

图4-19 观察验证P1口的状态变化

议一议

若使用共阴型数码管，程序应该怎么改写？

技能实训三 制作三位LED数码计数牌

实训目的

（1）掌握数码管的使用方法。

（2）掌握数码管动态扫描显示程序的编写和使用。

（3）掌握使用Keil C软件调试和编译程序。

（4）掌握使用 ISP 下载线下载程序。

实训内容

一、硬件电路制作

1. 电路原理图

根据任务要求，三位 LED 数码计数牌电路如图 4-20 所示。

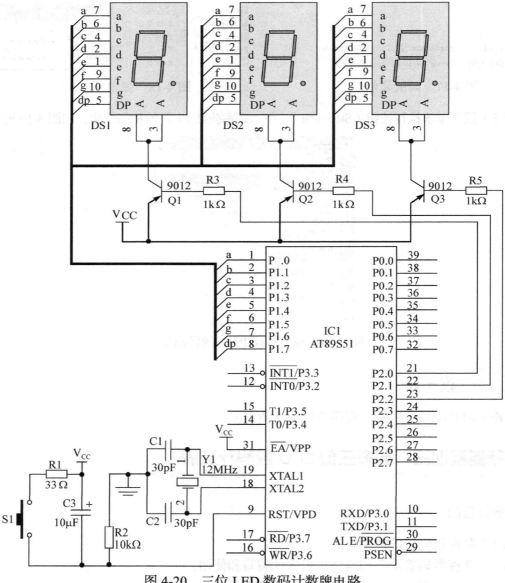

图 4-20　三位 LED 数码计数牌电路

2. 元件清单

三位 LED 数码计数牌元件清单如表 4-5 所示。

表 4-5 三位 LED 数码计数牌电路元件清单

代　号	名　　称	实　物　图	规　格
R1	电阻		33Ω
R2	电阻		10kΩ
R3、R4、R5	电阻		1kΩ
C1、C2	瓷介电容		30pF
C3	电解电容		10μF
S1	轻触按键		
Y1	晶振		12MHz
Q1、Q2、Q3	PNP 三极管		9012
U1	单片机		AT89S51
	IC 插座		40 脚
DS1、DS2、DS2	数码管		共阳型
	5V 电源接口		

3. 电路制作步骤

对于简单电路，可以在万能实验板上进行电路的插装焊接。制作步骤如下：

① 按图 4-20 所示电路在万能实验板中绘制电路元器件排列布局图；

② 按布局图依次进行元器件的排列、插装；

③ 按焊接工艺要求对元器件进行焊接，背面用 φ0.5～φ1mm 镀锡裸铜线连接，直到所有的元器件链接并焊完为止。

三位 LED 数码计数牌电路装接图如图 4-21 所示。

图 4-21　三位 LED 数码计数牌装接图

4．电路的调试

通电之前先用万用表检查各种电源线与地线之间是否有短路现象。

给硬件系统加电，检查所有插座或器件的电源端的电压是否符合要求的电压值，接地端电压是否为 0V。

二、程序编写

1．程序流程图

根据系统实现的功能，软件要完成的工作是：显示数值 1s 加 1，BCD 码转换，显示程序等。

初始化程序及主程序：初始化程序主要完成定义变量内存分配、初始化缓冲区、初始化 T0 定时器、初始化中断，开中断、启动定时器；主程序循环执行调 BCD 码转换子程序、调显示子程序。主程序流程图如图 4-22 所示。

BCD 码转换子程序：显示数值送 A，除以 100，A 中商为百位，B 中余数送 A，A 除以 10，A 中商为十位，B 中余数为个位，BCD 码转换子程序流程图如图 4-23 所示。

显示子程序采用动态扫描的方法，P1 口输出段码，P2 口输出位码，依次显示百位、十位、个位。

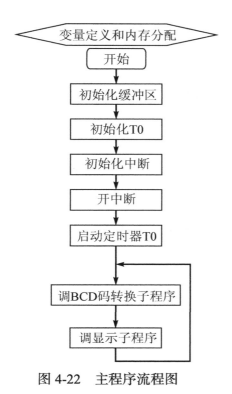

图 4-22　主程序流程图　　　　图 4-23　BCD 码转换子程序流程图

2. 三位 LED 动态扫描显示程序

```
            SEC EQU 43H              ;计数值
            SEC_1 EQU 40H            ;计数值 BCD 码个位
            SEC_2 EQU 41H            ;计数值 BCD 码十位
            SEC_3 EQU 42H            ;计数值 BCD 码百位
            ORG 0000H
            LJMP START              ;到主程序
            ORG 000BH
            LJMP CT0S               ;到定时器 0 的中断服务程序
            ORG 0030H
START:      MOV R3,#20              ;初始化 R3（20 次 50ms 的中断）
            MOV TMOD,#01H           ;T0 工作方式 1，定时 50ms
            MOV TH0,#04BH
            MOV TL0,#0FFH
            SETB EA                 ;开总中断
            SETB ET0                ;开定时器 0 中断
            MOV SEC,#00H            ;置计数初值 0
            SETB TR0                ;启动定时器
MAIN:       LCALL BCD8421
```

```
            LCALL  DISPLAY                ;调显示子程序
            LJMP MAIN
            ;**********************
DELAY:      MOV R7,#255                   ;延时子程序
D1:         DJNZ R7,D1
            RET
            ;***********************
CT0S:       PUSH A                        ;1s 的中断服务程序
            MOV TH0,#04BH
            MOV TL0,#0FFH
            DJNZ R3,EE                    ;不到1s，中断返回
            MOV R3,#10
            MOV A,SEC
            INC A                         ;计数加1
            MOV SEC,A                     ;保存计数值
EE:    POP A
            RETI
            ;*********************
BCD8421:MOV A,SEC
            MOV B,#64H
            DIV AB
            MOV SEC_3,A                   ;计算计数值的百位
            MOV A,B
            MOV B,#0AH
            DIV AB
            MOV SEC_1,B                   ;计算计数值的十位
            MOV SEC_2,A                   ;计算计数值的个位
            RET
            ;********************
DISPLAY:MOV P2,#00H                       ;显示子程序
            MOV A,SEC_3                   ;显示计数值的百位
            MOV DPTR,#CHAR
            MOVC A,@A+DPTR
            MOV P1,A
            MOV P2,#0FEH
            LCALL DELAY
            MOV A,SEC_2                   ;显示计数值的十位
            MOV DPTR,#CHAR
            MOVC A,@A+DPTR
            MOV P1,A
```

```
        MOV P2,#0FDH
        LCALL DELAY
        MOV A,SEC_1              ;显示计数值的个位
        MOVC A,@A+DPTR
        MOV P1,A
        MOV P2,#0FBH
        LCALL DELAY
        RET
CHAR:DB 0C0H,0F9H,0A4H,0B0H,99H,92H,82H,0F8H,80H,90H ;共阳型字型
码表
        END
```

三、程序的调试与下载

议一议

想一想为什么本例中三位 LED 计数器最多只能计到 255？怎样修改程序，实现计到 999？

项目评价

项目检测		分值	评 分 标 准	学生自评	教师评估	项目总评
任务知识内容	LED 数码管的显示原理	5				
	LED 数码管的检测方法	10				
	LED 数码管的静态显示	5				
	LED 数码管的动态显示	10				
	键盘的接口电路与编程	10				
	LED 数码管的检测	10				
	一位 LED 数码计数牌制作	20				

续表

项目检测		分值	评 分 标 准	学生自评	教师评估	项目总评
任务知识内容	三位 LED 数码计数牌制作	20				
	安全操作	5				
	现场管理	5				

 项目小结

（1）八段 LED 数码管显示器分为共阳型和共阴型两种，两种类型的电路连接和字形码不同。

（2）八段 LED 数码管显示器的显示方式有静态显示和动态显示两种。静态显示独立使用端口，编程简单；动态显示方式比较经济，但是编程比较复杂。

（3）键盘的种类有独立式键盘和矩阵键盘两种。独立式键盘编程简单，但是占用 I/O 口线较多；矩阵键盘占用的 I/O 口线较少，但是编程比较复杂。

 思考与练习

1. 如何检测 LED 数码管？

2. LED 数码管静态显示方式和动态显示方式各有什么优缺点？

3. 共阳极和共阴极数码管在电路的连接上有什么不同？它们的字形码有什么不同？

4. 设计实现一位减 1 计数器（显示 9~0）。

5. 独立式键盘和矩阵式键盘有各有什么优缺点？

制作地震报警器

中断就是暂时放下目前所要执行的程序，先去执行特定的程序，当特定的程序完成后，再返回刚才暂停下的程序，继续执行。单片机采用中断技术后，大大提高了它的工作效率和处理问题的灵活性。

 知识目标

1. 了解中断的概念及中断的响应过程。
2. 熟练掌握单片机中断系统的内部结构资源情况。
3. 熟练掌握中断应用的编程方法。

 技能目标

1. 掌握地震报警器的制作。
2. 能根据硬件结构编写相应的源程序。
3. 熟练进行编译、调试程序并写入芯片。

任务一　认识 MCS-51 单片机中断系统

中断系统是单片机非常重要的组成部分，我们不但要了解其资源配置情况，而且需要掌握如何通过相关的特殊功能寄存器进行开放和关闭中断源，设定中断源优先级，以及中断源入口地址和如何保护中断现场等内容。

 基础知识

一、中断系统概述

什么是中断，我们从一个生活中的例子引入。你正在家中看书，突然门铃响了，你放下书，去开门，处理完事情后，回来继续看书；突然手机响了，你又放下书，去接听电话，通完话后，回来继续看书。这是生活中的"中断"的现象，就是正常的工作过程被外部的事件打断了；可以引起中断的事情称为中断源。单片机中也有一些可以引起中断的事件。

MCS-51 单片机中一共有 5 个中断源：两个外部中断，两个计数器/定时器中断，一个串行口中断。

如果上述二者同时响起，你就会优先选择一个处理，这里存在一个优先级的问题，单片机也是如此，也有优先级的问题。同时有两个中断的话，通常设定一个重要的优先处理，即高优先级。

当有事情发生，处理之前我们通常会拿一个书签放在当前页的位置，然后去处理不同的事情（因为处理完了，我们还要回来继续看书）。门铃响我们要到门那边去，手机铃响我们要到放手机的地方去，也就是说不同的中断，我们要在不同的地点处理，而这个地点通常还是固定的。计算机中也采用这样的方法，5 个中断源，每个中断产生后都到一个固定的地方去找处理这个中断的程序，当然在去之前首先要保存下面将要执行的指令的地址，以便处理完中断后回到原来中断的地方继续往下执行程序。

具体地说，中断响应可以分为以下几个步骤：

① 保护断点，即保存下一条将要执行的指令的地址，就是把这个地址送入堆栈。

② 寻找中断入口，根据 5 个不同的中断源所产生的中断，查找 5 个不同的入口地址。以上两步工作是由计算机自动完成的，不需要编程者写出指令就能自动完成。在这 5 个入口地址处存放有中断处理程序（这是程序编写时放在那儿的，如果没把中断程序放在那儿，就错了，中断程序就不能被执行到）。

③ 执行中断处理程序。

④ 中断返回：当执行完中断服务程序后，就从中断服务程序返回到主程序中断处，继续执行主程序。

二、单片机的中断系统

MCS-51 中断系统的内部结构框图如图 5-1 所示。由图可知，中断系统由 5 个中断请求源，4 个用于中断控制的寄存器 TCON、SCON、IE 和 IP 来控制中断类型、中断的开关和各种中断源的优先级确定。

1. 中断源（5个）

（1）外部中断请求源（个）

外部中断 0 和 1，经由外部引脚引入的，在单片机上有两个引脚，名称为 INT0、INT1，也就是 P3.2、P3.3 这两个引脚。

（2）定时器/计数器中断请求源（2个）

MCS-51 单片机内部有 2 个 16 位的定时器/计数器，分别是 T0、T1。当计数器计满溢出时就会向 CPU 发出中断请求。

（3）串行口中断请求源（1 个）

MCS-51 单片机内部有一个全双工的串行接口，可以和外部设备进行串行通信。当接收完或发送完一个数据就会向 CPU 发出中断请求。

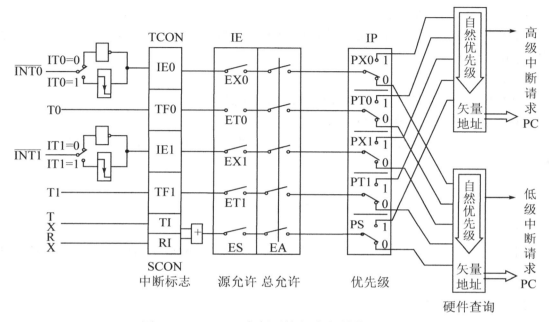

图 5-1　MCS-51 中断系统的内部结构示意图

2．中断标志

TCON 寄存器中的中断标志。

INT0、INT1、T0、T1 中断请求标志存放在 TCON 中，如表 5-1 所示。

表 5-1　TCON 寄存器结构和功能

TCON 位	VD7	VD6	VD5	VD4	VD3	VD2	VD1	VD0
位名称	TF1	TR1	TF0	TR0	IE1	IT1	IE0	IT0
功能	T1 中断标志	T1 启动控制	T0 中断标志	T0 启动控制	INT1 中断标志	INT1 触发方式	INT0 中断标志	INT0 触发方式

IT0：INT0 触发方式控制位。

可由软件进行置位和复位，IT0=0，INT0 为低电平触发方式，IT0=1，INT0 为负跳变触发方式。

IE0：INT0 中断请求标志位。

当有外部的中断请求时，这位就会置 1（这由硬件来完成），在 CPU 响应中断后，由硬件将 IE0 清 0，即不需要用指令来清 0。

IT1：INT1 触发方式控制位。

可由软件进行置位和复位，IT1=0，INT1 为低电平触发方式，IT1=1，INT1 为负跳变触发方式。

IE1：INT1 中断请求标志位。

当有外部的中断请求时，这位就会置 1（这由硬件来完成），在 CPU 响应中断后，由硬件将 IE1 清 0。

TR0：T0 启动控制位。

TR0=1 时，启动 T0 工作；TR0=0 时，T0 停止工作。

TF0：定时器 T0 的溢出中断标志位。

当 T0 计数产生溢出时，由硬件置位 TF0。当 CPU 响应中断后，再由硬件将 TF0 清 0。

TR1：T1 启动控制位。

TR1=1 时，启动 T1 工作；TR1=0 时，T1 停止工作。

TF1：定时器 T1 的溢出中断标志位。

当 T1 计数产生溢出时，由硬件置位 TF1。当 CPU 响应中断后，再由硬件将 TF1 清 0。

3. 中断允许寄存器 IE

在 MCS-51 中断系统中，中断的允许或禁止是由片内可进行位寻址的 8 位中断允许寄存器 IE 来控制的。IE 寄存器格式如表 5-2 所示。

表 5-2　IE 寄存器格式

IE 位	VD7	VD6	VD5	VD4	VD3	VD2	VD1	VD0
位名称	EA			ES	ET1	EX1	ET0	EX0
功能	中断总控位			串行口中断控制位	T1 中断控制位	INT1 中断控制位	T0 中断控制位	INT0 中断控制位

EA：所有中断源总允许控制位。

如果它等于 0，则所有中断都不允许。

ES：串行口中断允许位。

如果 ES 置 1，则允许串行中断；否则，ES 清 0，禁止中断。

ET1：定时器 1 中断允许位。

如果 ET1 置 1，则允许定时器 1 中断；否则，禁止。

EX1：外部中断 1 中断允许位。

如果 EX1 置 1，则允许外部中断 1 中断；否则，禁止。

ET0：定时器 0 中断允许位。

如果 ET0 置 1，则允许定时器 0 中断；否则，禁止。

EX0：外部中断 0 中断允许位。

如果 EX0 置 1，则允许外部中断 0 中断；否则，禁止。

如果我们要设置允许外部中断 1，定时器 1 中断允许，其他不允许，则 IE 各位取值如表 5-3 所示。

表 5-3 IE 各位取值

EA				ES	ET1	EX1	ET0	EX0
1	0	0	0	0	1	1	0	0

即 8CH，当然，我们也可以用位操作指令来实现：

```
SETB EA
SETB ET1
SETB EX1
```

4．5 个中断源的自然优先级与中断服务入口地址

5 个中断源的自然优先级与中断服务入口地址如表 5-4 所示。

表 5-4 5 个中断源的自然优先级与中断服务入口地址

中断源	外部中断 0	定时器 0	外部中断 1	定时器 1	串口
中断入口地址	0003H	000BH	0013H	001BH	0023H

它们的自然优先级从左向右依次降低。前面有些程序一开始我们这样写：

```
ORG 0000H
LJMP MAIN
ORG 0030H
MAIN:    …
```

这样写的目的，就是为了跳过中断服务程序入口所占用的一些单元地址。如果程序中没用中断，直接从 0000H 开始写程序，在原理上并没有错，但是，在实际编程应用中最好不这样做，一般让主程序避开这几个中断源入口及其相应单元，从 0030H 单元开始存放。

5．中断优先级

中断优先级中由中断优先级寄存器 IP 来设置，IP 中某位设为 1，相应的中断就是高优先级，否则就是低优先级，IP 寄存器格式如表 5-5 所示。同为高优先级时，按自然优先级顺序。

表 5-5 IP 寄存器格式

IP 位	VD7	VD6	VD5	VD4	VD3	VD2	VD1	VD0
位名称				PS	PT1	PX1	PT0	PX0
中断源				串行口	T1	INT1	T0	INT0

当系统复位后，IP 寄存器低 5 位全部清 0，所有中断源均设定为低优先级中断。

三、中断初始化及中断服务程序结构

中断控制实质上是对 4 个与中断有关的特殊功能寄存器 TCON、SCON、IE 和 IP 进行管理和控制，具体实施如下：

① CPU 的开、关中断；

② 具体中断源中断请求的允许和禁止（屏蔽）；

③ 各中断源优先级别的控制；

④ 外部中断请求触发方式的设定。

中断管理和控制程序一般都包含在主程序中，根据需要通过几条指令来完成。中断服务程序是一种具有特定功能的独立程序段，可根据中断源的具体要求进行服务。下面通过实例来说明其具体应用。

例 5.1 要求仅用 $\overline{INT0}$ 和 $\overline{INT1}$ 这两根外部中断线对两个外界随机事件做中断处理（下降沿有效），其他中断源均不允许响应中断，且要求 $\overline{INT1}$ 的中断要优先于 $\overline{INT0}$ 的中断，试对 TCON、IE 和 IP 三个寄存器做相应的初始化编程设定。

解：

（1）对 TCON 的设定。应置 TCON 中 IT0 和 IT1 为"1"，即采用边沿触发方式。

```
指令：SETB IT0            ；用位操作指令设置
     SETB IT1
或： MOV TCOM, #05H        ；用字节操作指令设置
```

（2）对 IE 的设定。只允许 $\overline{INT0}$ 和 $\overline{INT1}$ 可响应中断，而其他 3 个中断源均不允许响应中断（被屏蔽），应使 IE 中的允许控制位 EA、EX0 和 EX1 为"1"，其他为"0"，即 IE=10000101B= 85H。

```
指令：  SETB EA            ；用位操作指令设置
       SETB EX1
       SETB EX0
       CLR ES
       CLR ET1
```

```
        CLR ET0
或      MOV IE, #85H              ;用字节操作指令设置
```

（3）对 IP 的设定。要求 $\overline{INT1}$ 中断优先于 $\overline{INT0}$ 中断，应设定 $\overline{INT1}$ 为高级中断，$\overline{INT0}$ 为低级中断，应使 IP 中 PX1 置 "1"，PX0 清 "0"，即 IP=00000100B=04H。

```
    指令：SETB PX1               ;用位操作指令设置
          CLR PX0
或：       MOV IP, #04H            ;用字节操作指令设置
```

例5.2 在如图 5-2 所示 LED 亮灭中断控制系统中，当开关接通时，单脉冲发生器可模拟外部中断的中断请求，在 AT89S51 单片机的 P2.0 和 P2.1 端口各接一只 LED 发光二极管，当无外部中断时，P2.0 端口的 LED 发光，有外部中断时，P2.1 端口的 LED 发光，请编程实现。

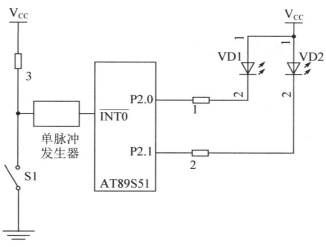

图 5-2 LED 亮灭中断控制系统

在图 5-2 中，$\overline{INT0}$ 平时为高电平，每当开关 S1 接通时，单脉冲发生器就输出一个负脉冲加到 $\overline{INT0}$ 上，产生中断请求信号。CPU 响应 $\overline{INT0}$ 中断后，进入中断服务子程序，使 P2.1 端口的 LED 发光。程序如下：

```
        ORG 0000H
        AJMP MAIN               ;转主程序
        ORG 0003H
        AJMP INT0               ;转 INT0 中断服务程序
        ORG 0030H
MAIN:   MOV P2, #03H            ;熄灭两只 LED
        MOV IE, #00H            ;关中断
        CLR IT0                 ;设置 TNT0 为电平触发方式
        SETB EX0                ;允许 INT0 中断
```

```
                SETB EA                 ;开中断
    LOOP:       MOV P2,#01H             ;P2.0端口的LED发光
                SJMP LOOP               ;等待中断
    INT0:       MOV P2,#02H             ;P2.1端口的LED发光
                LCALL DELAY             ;延时（延时程序本例省略）
                RETI                    ;中断返回
                END
```

 议一议

单片机响应中断时，需要保护现场，现场指的是哪些数据？如何保护？常用的指令是什么？中断服务结束时，要恢复现场，如何恢复？常用的指令是什么？

 基本技能

技能实训一　外部中断试验

实训目的

（1）制作中断试验电路板。

（2）训练开发单片机的中断资源。

（3）编写具有中断服务程序的源程序。

实训内容

一、硬件电路制作

1．电路原理图

硬件电路主要包括晶振、复位电路，P2 端口 LED 显示电路，以及中断 0 和中断 1 引脚的外触发电路。中断试验电路如图 5-3 所示。

2．元件清单

中断试验电路元件清单如表 5-6 所示。

3．电路制作

（1）元件测量：用万用表欧姆挡对电阻、电容、发光二极管、按键开关进行逐一测量。

（2）安装步骤：先安装 IC 插座，之后根据原理图找准功能引脚，安装外围电路。

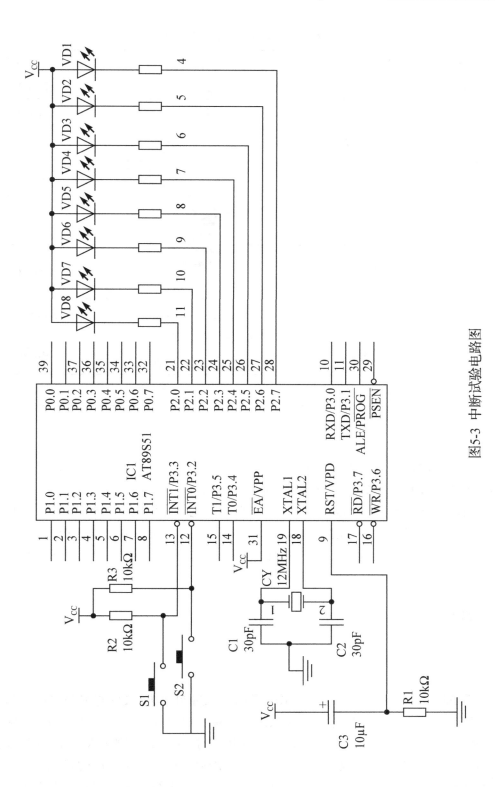

图5-3　中断试验电路图

表 5-6　中断试验电路元件清单

代　号	名　称	实　物　图	规　格
R4～R11	电阻		270Ω
R1～R3	电阻		10kΩ
C1、C2	瓷介电容		30pF
C3	电解电容		22μF
S1、S2	轻触按键		
CY	晶振		12MHz
IC1	单片机		AT89S51
	IC 插座		40 脚
VD1～VD8	发光二极管		红色φ5

4．电路调试

（1）通电前测试：万用表×1k 欧姆挡测电源两端的电阻值应在几千欧以上。若电阻值太小，电路存在短路现象，应排除故障后再通电调试。

（2）通电调试：不插 IC 芯片情况下给电路板通电，先用电压挡测插座 40、20 两脚电压应为 5V；后用短路线一端接 20 脚，另一端分别接 21～28 脚检查 LED 发光电路是否正常；最后用万用表分别测 12、13 脚对地电压，并按压按键开关观察电压变化情况是否正常。

二、程序编写

1．程序功能

通电后 P2 口连接的 8 只发光管从低位开始按二进制加法计数；若按 INT0 按钮开关，则进入 INT0 中断状态，P2 口连接的 8 只发光管将变成单灯左移，左移 5 圈后，恢复到中断前的状态，程序继续执行计数状态；若按 INT1 按钮开关，则进入 INT1 中断状态，P2 口连接的 8 只发光管将变成双灯右移，右移 5 圈后，恢复到中断前的状态，程序继续执行计数状态；此外，要求双灯右移的中断（INT1）优先级高于单灯左移中断（INT0）

的优先级。

2．程序流程图

外部中断实验流程图如图 5-4 所示。

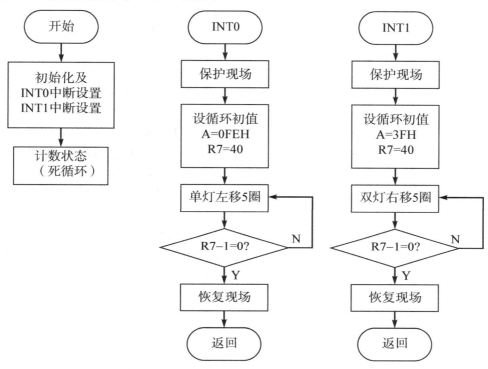

图 5-4　外部中断实验流程图

3．参考程序

```
              0000H                  ;程序复位后入口地址
       LJMP   MAIN                   ;跳转到主程序
       ORG    0003H                  ;INT0 中断入口地址
       LJMP   ZHD0                   ;跳转到 INT0 中断服务程序执行
       ORG    0013H                  ;INT1 中断入口地址
       LJMP   ZHD1                   ;跳转到 INT1 中断服务程序执行
    ;------------------------主程序------------------------
MAIN:  MOV    IE,#10000101B          ;开中断 0、开中断 1 和开总中断
       MOV    SP,#50H                ;设置堆栈底部
       SETB   IT0                    ;采用负边缘触发信号
       SETB   IT1                    ;采用负边缘触发信号
       SETB   PX1                    ;设置 INT1 为高优先级
JISHU: MOV    A,#0FFH                ;给 ACC 赋初值
```

```
              MOV    R7,#00H              ;循环次数初值
      LOOP:   MOV    P2,A                 ;将 ACC 中的值传送 P2 控制发光管
              ACALL  DELAY                ;调用延迟子程序
              DEC    A                    ;A 减 1 后送 A
              INC    R7                   ;记录循环次数
              CJNE   R7,#0FFH,LOOP        ;比较不等转向 LOOP
              LJMP   JISHU                ;跳至计数开始
;---------------------------INT0 中断服务程序---------------------------
      SHD0:   PUSH   PSW                  ;将 PSW 的值推入堆栈保护
              PUSH   ACC                  ;将 ACC 的值推入堆栈保护
              SETB   RS0                  ;切换工作寄存器组到Ⅰ组
              MOV    R7,#40D              ;设定左循环次数 5 圈×8=40 次
              MOV    A,#0FEH              ;单灯左循环初值
      LOOP1:  MOV    P2,A                 ;将 ACC 内容送 P2 口控制发光管
              ACALL  DELAY                ;调用延时子程序
              RL     A                    ;将 ACC 内容左循环
              DJNZ   R7,LOOP1             ;判断循环次数，满足跳转到 LOOP1
              POP    ACC                  ;从堆栈弹出保护数据到 ACC
              POP    PSW                  ;从堆栈弹出保护数据到 PSW
              RETI                        ;返回主程序
;---------------------------INT1 中断服务程序---------------------------
      ZHD1:   PUSH   PSW                  ;将 PSW 的值推入堆栈保护
              PUSH   ACC                  ;将 ACC 的值推入堆栈保护
              CLR    RS0                  ;切换工作寄存器组到Ⅱ组
              SETB   RS1
              MOV    R7,#40D              ;设定右循环次数 5 圈×8=40 次
              MOV    A,#3FH               ;双灯右循环初值
      LOOP2:  MOV    P2,A                 ;将 ACC 内容送 P2 口控制发光管
              ACALL  DELAY                ;调用延时子程序
              RR     A                    ;将 ACC 内容右循环移动
              DJNZ   R7,LOOP2             ;判断循环次数，满足跳转到 LOOP2
              POP    ACC                  ;从堆栈弹出保护数据到 ACC
              POP    PSW                  ;从堆栈弹出保护数据到 PSW
              RETI                        ;返回主程序
;---------------------------延迟约 1s 子程序---------------------------
      DELAY:  MOV    R1,#10D              ;R1 寄存器赋值 10 次
      D1:     MOV    R2,#200D             ;R2 寄存器赋值 200 次
      D2:     MOV    R3,#250D             ;R3 寄存器赋值 250 次
              DJNZ   R3,$                 ;本条指令执行 R3 次（250 次）
```

```
DJNZ    R2,D2        ;本条指令执行 R2 次（200 次）
DJNZ    R1,D1        ;本条执行 R1 次（10 次）
RET                  ;返回主程序
END
```

（1）程序调试

打开 Keil C51 开发软件，调试程序，步骤如下。

① 先建立工程项目并选择芯片确定选项；

② 新建文件并在编辑窗口输入源程序（上面的参考程序）；

③ 将源程序文件添加到当前项目组中；

④ 重建所有目标文件（编译），并根据输出窗口给出的提示，检查是否有语法错误，如果有错，根据提示修改源程序并重新编译，直至显示 0 错误为止；

⑤ 进行软件模拟仿真调试（除错）或硬件仿真看程序是否能满足设计要求，如若不能，也要修改源程序，并重新编译、仿真，直到最终达到设计要求为止。

（2）烧录程序将 TOP851 与计算机连接好，并插上电源，运行计算机上的 TOP 软件，步骤如下：

① 选择芯片制造商 ATMEL 和型号 AT89S51；

② 装载数据（工程项目中扩展名为 .hex 的文件）到缓冲区；

③ 将 AT89S51 插在插座上并锁紧；

④ 进行写操作（要进行项目选择后确认）；

⑤ 松开插座，取下 AT89S51，烧录完成。

（3）把芯片安装到试验板上

将烧录有程序的芯片安装到制作好的试验板上，观察是否能正常工作，能工作则大功告成。

任务二　制作地震报警器

地震是一种自然现象，人类无法改变。特别是大地震对人们的伤害非常惨烈，让人记忆犹新。如果在地震产生之初的几十秒里做出反应，或快速逃离房子，或在房中寻找有利的房间躲避，将会使伤害减小到最低程度。

 基础知识

一、地震检测装置

通常地震活动时会产生两种波：一种是纵波（也称直线波），从震中产生，并以最快速度传出，且有低沉的隆隆声和奇异的光，但破坏性不大；另一种是横波（也称剪切波），有极大的破坏性，但传播速度相对慢一些。一般浅源地震的横波传到地面上的时间较纵波晚几秒到十几秒，深源地震则可晚几十秒，这就给人们躲避地震提供了一点宝贵时间。下面介绍如何制作地震检测装置，利用地震的纵波产生的冲击力来触发报警电路。当然，该装置也能检测出地震的横波，用地震的横波来触发报警电路。

1．装置结构

地震报警装置结构图如图 5-5 所示，找一根长 20cm、内径 4mm，导电良好的铜管，下端口封闭，用绝缘支撑固定在墙壁上，并在外壁焊上一根长约 1m 的导线；再找一段直径 2cm、长 10cm 的铜锤或铜柱，上端焊接软导线，通过导电弹簧利用绝缘支架固定在墙壁上，弹簧上端接 1m 长的导线固定在墙上，并焊上一根引线用于和单片机相连；两者的相对位置是，铜锤正好处于下面铜管圆筒的中央，铜锤的下端与铜管的内底的距离为 1cm。

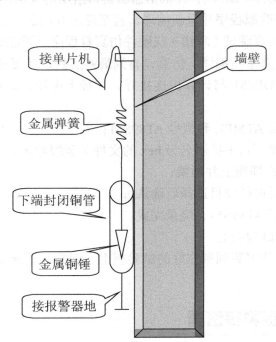

图 5-5　地震报警装置结构图

2．工作原理

当地震纵波产生时，会引起铜锤上下跳动，一旦铜锤碰到铜管底部，报警器将被触发；或者当横波来到时，铜锤摆动，一旦铜锤碰到铜管侧壁，报警器也将被触发，进而发出地震报警声。

二、相关指令

本项目相关指令主要有：MOV、SETB、CLR、LJMP、SJMP、DJNZ、LCALL、RET、

ORG。

（1）数据传送指令：MOV

通用格式：MOV<目的操作数>，<源操作数>

例：MOV A，R2　　　　　　　；将寄存器 R2 中的数送入累加器 A 中

　　MOV P1，A　　　　　　　；将累加器 A 的内容送到 P1 口

（2）置位指令：SETB

通用格式：SETB　bit

　　　　　SETB　C

例：SETB C　　　　　　　　；将进位标志 C 置"1"

　　SETB P2.6　　　　　　　；将端口 2 的 P2.6 引脚置"1"

（3）位清 0 指令：CLR

通用格式：CLR　bit

　　　　　CLR　C

例：CLR C　　　　　　　　　；将进位标志 C 清"0"

　　CLR P2.7　　　　　　　　；将 P2.7 引脚电平清"0"

（4）长跳转指令：LJMP

通用格式：LJMP　addr16

注意：指令中的 16 位地址常用符号地址代替，即用将要跳转到的那条指令的"标号"来替代 16 位地址。

例：LJMP　START　　　　　　；跳转到标号为"START"的那一条指令

（5）相对跳转指令：SJMP

通用格式：SJMP rel

注意：指令中的 rel 是 8 位补码数表示的相对地址，跳转的范围是 $-128\sim+127$B，也常用符号地址代替，即用将要跳转到的那条指令的"标号"来代替 8 位相对地址。

例：SJMP KEY　　　　　　　；跳转到标号为"KEY"的那一条指令

　　SJMP　$　　　　　　　　；动态停机，还跳转到这一条指令

（6）子程序调用指令：LCALL

通用格式：LCALL　addr16

注意：指令中的 16 位地址常用符号地址代替，即用将要跳转到的那条指令的"标号"来替代 16 位地址。

例：LCALL　DELAY　　　　　　；转到执行标号为"DELAY"开头的子程序

（7）子程序返回：RET

通用格式：RET

指令功能：返回程序的断点处。

议一议

无条件跳转指令与子程序调用指令有何不同。

 基本技能

技能实训二　制作地震报警器

任务要求：由地震检测装置检测到的地震信号送入 CPU，CPU 驱动蜂鸣器和发光二极管产生声、光报警。

一、硬件电路制作

1. 电路原理图

本报警器在地震到来时能够产生声、光报警，电路简单，适合家庭作为地震报警用。硬件电路主要由地震检测装置、CPU 和声光产生电路组成，如图 5-6 所示。

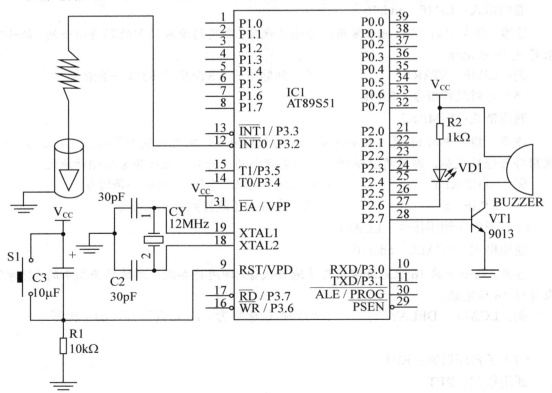

图 5-6　地震报警器电路

2. 制作要点及元件清单

地震检测装置要求自己动手制作，形状和要求见前面内容介绍。

家用报警器电路元件清单如表 5-7 所示。

表 5-7 家用报警器电路元件清单

代 号	名 称	实物图	规 格
R1	电阻		10kΩ
R2	电阻		1kΩ
C1、C2	瓷介电容		30pF
C3	电解电容		10μF
S1	轻触按键		
CY	晶振		12MHz
IC1	单片机		AT89S51
	IC 插座		40 脚
VD1	发光二极管		红色φ5
VT1	三极管		9013
BUZZER	蜂鸣器		12V
	地震检测装置	自制	

二、电路的调试

（1）检查地震检测装置静止时铜管和粗铜丝是否相碰，晃动铜管检查铜管和粗铜丝是否接触良好。

（2）通电之前先用万用表检查各种电源线与地线之间是否有短路现象，然后给硬件系统加电，检查所有插座或器件的电源端的电压是否符合要求的电压值，接地端电压是否为 0V。

三、程序编写

1. 程序流程图

当地震检测装置检测到地震发生时，向 CPU 请求中断，CPU 响应中断后执行中断服务程序，驱动蜂鸣器发声、LED 发光。其程序主要包括主程序和中断服务程序两部分，主程序流程图如图 5-7 所示，外部中断 0 服务程序如图 5-8 所示。主程序中有系统自检过程，使蜂鸣器发声、LED 发光，经延时后关闭，以确定系统能够正常工作。

虽然在地震过程中，地震检测装置时断时通，但是 CPU 一旦响应中断，就会使报警器一直报警。按复位键可以解除报警。

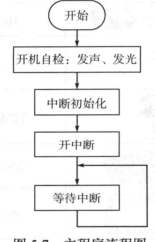

图 5-7　主程序流程图

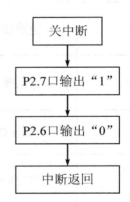

图 5-8　外部中断 0 服务程序

2. 参考程序

```
        ORG 0000H           ;复位入口地址
        LJMP START          ;转移到程序初始化部分 START
        ORG 0003H           ;外部中断 0 入口地址
        LJMP WAI0           ;转移到外部中断 0 的服务程序 WAI0
        ORG 0030H
START:  SETB P2.6           ;开机自检
        CLR P2.7
        LCALL DELAY         ;调延时子程序
        SETB IT0            ;中断方式为边沿触发方式
        SETB EA             ;开总中断
        SETB EX0            ;开外部中断 0
MAIN:   SJMP $              ;主程序并不执行任何任务，只是等待中断
```

```
;-------------------延时子程序-------------------
DELAY:    MOV R7,#250
LOOP:     MOV R6,#250
          DJNZ R6,$
          DJNZ R7,LOOP
          RET
;-------------------外部中断服务程序-------------------
WAI0:     CLR EX0                    ;禁止中断
          CLR P2.6                   ;点亮发光二极管
          SETB P2.7                  ;驱动蜂鸣器发声
          RETI                       ;中断返回
          END
```

四、程序调试与烧写

使用仿真器调试程序。程序调试完成后，使用编程器将编译的十六进制文件烧写入单片机，将单片机从编程器上取下，插入到电路板的 IC 插座上，给电路板接上 5V 电源，观察电路运行情况。

 项目评价

项目检测		分值	评分标准	学生自评	教师评估	项目总评
任务知识内容	中断寄存器	20	熟练掌握与中断相关的几个寄存器			
	中断服务程序	20	会编写一些简单的中断服务程序			
	设计中断电路	20	利用传感器、中断技术进行电路设计			
	开发中断软件	20	能根据设计的电路进行编程仿真			
	安全操作	10	工具使用、仪表安全			
	现场管理	10	出勤情况、现场纪律、协作精神			

 项目小结

（1）单片机的中断是单片机系统非常重要的资源，它提高了单片机工作的效率。

（2）中断资源的应用实际上就是通过对相关的特殊功能寄存器赋值来实现的。

（3）中断是暂停一项工作（一段程序）而去执行另一项更重要的工作（另一段程序），因此一定要保护原来现场，待重要工作完成后，才能恢复中断现场，继续原来的那项工作。

（4）地震报警器是中断应用的一个实例。采用不同的传感器可以开发出多种报警器。

 思考与练习

1. 什么是中断？中断的过程是什么？

2. 中断源 INT0 和 INT1 发生的条件是什么？它们的入口地址是什么？

3. 与中断相关的特殊功能寄存器有哪些，这些寄存器各位的含义是什么？

4. 什么叫堆栈，堆栈中存放的数据有什么特点？如何重新设置堆栈底？如何将要保护的数据放入堆栈？如何将保护的数据弹出堆栈？

5. 如果单片机的 P2 口外接一位数码管，开机复位后数码管由 0 开始每隔 0.5s 递增 1，当增加到 9 之后，重新赋值为 0，继续递增，当按下中断按钮，数字由 9 每隔 0.5s 递减 1，当减小到 0 时，中断结束，再回到递增过程，试编写出相应程序。

6. 改装地震报警器，在 P2 口接几种不同颜色的发光管，不报警时呈现走马灯，当报警时，发出声音。试设计电路，编写相应程序，并调试烧写程序。

制作数字时钟

日常生活中的时钟有机械的、数字的，其中数字时钟的特点是使用灵活、方便，在各种场合都经常使用。有的数字时钟除了计时外还有很多其他功能，可以完成很多与时间有关的控制，如定时开关机、微电脑控制打铃仪等。下面我们就来动手制作一个单片机电子时钟。

 知识目标

1. 了解定时器的相关知识。
2. 掌握定时器的应用与编程。
3. 理解并运用相关指令。

 技能目标

1. 掌握 1 秒定时闪烁电路的制作。
2. 掌握数字时钟电路的制作。
3. 掌握相应电路的程序编写。

任务一　认识 MCS-51 单片机定时器/计数器系统

在工业控制应用系统中，经常要求一些外部实时时钟，以实现定时或延时控制，以及要求有一些外部计数器，以实现对外界事件进行计数。为适应这一工业控制要求，现代计算机的 CPU 内部均设置有定时器/计数器系统，MCS-51 单片机内部有两个 16 位的可编程定时器/计数器，它们都具有定时和计数两种功能，以及方便用户选择的四种工作方式。

　基础知识

一、定时器/计数器简介

1. 计数概念

同学们选班长时，要投票，然后统计选票，常用的方法是画"正"，每个"正"号五画，代表五票，最后统计"正"号的个数即可，这就是计数。单片机有两个定时器/计数器 T0 和 T1，都可对外部输入脉冲计数。

2. 计数器的容量

我们用一个瓶子盛水，水一滴滴地滴入瓶子中，水滴不断落下，瓶子的容量是有限的，过一段时间之后，水就会逐渐变满，再滴就会溢出。单片机中的计数器也一样，T0 和 T1 这两个计数器分别是由两个 8 位的 RAM 单元组成的，即每个计数器都是 16 位的计数器，最大的计数量是 65536。

3. 定时

一个钟表，秒针走 60 次，就是 1min，所以时间就转化为秒针走的次数，也就是计数的次数，可见，计数的次数和时间有关。只要计数脉冲的间隔相等，则计数值就代表了时间，即可实现定时。秒针每一次走动的时间是 1s，所以秒针走 60 次，就是 60s，即 1min。

因此，单片机中的定时器和计数器是一个东西，只不过计数器记录的是外界发生的事情，而定时器则是由单片机提供一个非常稳定的计数源。

4. 溢出

上面举的例子，水滴满瓶子后，再滴就会溢出，流到桌面上。单片机计数器溢出后将使得 TF0 变为 1，一旦 TF0 由 0 变成 1，就产生了变化，就会引发事件，就会申请中断。

5. 任意定时及计数的方法

计数器的容量是 16 位，也就是最大的计数值为 65536，计数计到 65536 就会产生溢出。如果计数值小于 65536，怎么办呢？一个空的瓶子，要 1 万滴水滴进去才会满，我们在开始滴水之前就先放入一些水，就不需要 10000 滴了。比如先放入 2000 滴，再滴 8000 滴就可以把瓶子滴满。在单片机中，也采用类似的方法，称为预置数法。我们要计 1000，那就先放进 64536，再来 1000 个脉冲，不就到了 65536 了吗？定时也是如此。

6．单片机定时器/计数器的结构

8051 单片机内部有两个 16 位的可编程定时器/计数器，称为定时器 0（T0）和定时器 1（T1），可编程选择其作为定时器用或作为计数器用，8051 定时器/计数器逻辑结构图如图 6-1 所示。

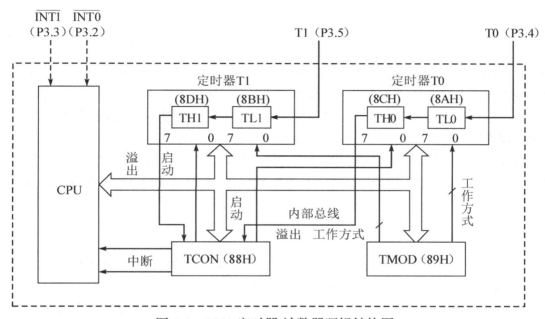

图 6-1　8051 定时器/计数器逻辑结构图

由图 6-1 可知，8051 定时器/计数器由定时器　T0、定时器 T1、定时器方式寄存器 TMOD 和定时器控制寄存器 TCON 组成。

T0、T1 是 16 位加法计数器，分别由两个 8 位专用寄存器组成，T0 由 TH0 和 TL0 构成，T1 由 TH1 和 TL1 构成。TL0、TL1、TH0、TH1 的访问地址依次为 8AH～8DH，每个寄存器均可单独访问。T0 或 T1 用做计数器时，对芯片引脚 T0（P3.4）或 T1（P3.5）输入脉冲计数，每输入一个脉冲，加法计数器加 1；其用做定时器时，对内部机器周期脉冲计数，由于机器周期是定值，故计数值一定时，时间也随之确定。

TMOD、TCON 与 T0、T1 之间通过内部总线及逻辑电路连接，TMOD 用于设置定时器的工作方式，TCON 用于控制定时器的启动与停止。

二、MCS-51 单片机定时器/计数器系统

1．定时器/计数器的工作原理

当定时器/计数器设置为定时工作方式时，计数器对内部机器周期计数，每过一个机器周期，计数器加 1，直至计满溢出。定时器的定时时间与系统的振荡频率紧密相关，

因 MCS-51 单片机的一个机器周期由 12 个振荡脉冲组成，所以，计数频率为：

$$f_c = \frac{1}{12}f_{osc}$$

如果单片机系统采用 12MHz 晶振，则计数周期为：

$$T = \frac{1}{12 \times 10^6 \times 1/12} = 1\mu s$$

这是最短的定时周期，适当选择定时器的初值可获取各种定时时间。

当定时器/计数器设置为计数工作方式时，计数器对来自输入引脚 T0（P3.4）和 T1（P3.5）的外部信号计数，外部脉冲的下降沿将触发计数。单片机每检测一个由 1 到 0 的负跳变需要两个机器周期，所以，最高检测频率为振荡频率的 1/24。计数器对外部输入信号的占空比没有特别的限制，但必须保证输入信号的高电平与低电平的持续时间在一个机器周期以上。

当设置了定时器的工作方式并启动定时器工作后，定时器就按被设定的工作方式独立工作，不再占用 CPU 的操作时间，只有在计数器计满溢出时才可能中断 CPU 当前的操作。

2．定时器/计数器的方式控制字

在单片机中有两个特殊功能寄存器与定时器/计数器有关，这就是 TMOD 和 TCON。TMOD 和 TCON 是名称，在写程序时就可以直接用这个名称来指定它们，也可以直接用它们的地址 89H 和 88H 来指定它们（如果使用名称，汇编软件会自动将其翻译成地址）。

TMOD 的位名称和功能如表 6-1 所示。

表 6-1 TMOD 的位名称和功能

TMOD 位	VD7	VD6	VD5	VD4	VD3	VD2	VD1	VD0
位名称	GATE	C/$\overline{T}$	M1	M0	GATE	C/$\overline{T}$	M1	M0
功能	门控位	定时器/计数器方式选择	工作方式选择		门控位	定时器/计数器方式选择	工作方式选择	
高 4 位控制定时器/计数器 1					低 4 位控制定时器/计数器 0			

TMOD 被分成两部分，每部分 4 位，分别用于控制 T1 和 T0。由于控制 T1 和 T0 的位名称相同，为了不至于混淆，在使用中 TMOD 只能按字节操作，不能单独进行位操作。

TMOD 各位含义如下。

① M1 和 M0：方式选择位。工作方式选择表如表 6-2 所示。

表 6-2 工作方式选择表

M1	M0	工作方式	功能说明
0	0	方式 0	13 位计数器
0	1	方式 1	16 位计数器
1	0	方式 2	自动装入 8 位计数器
1	1	方式 3	定时器 0：分成两个 8 位计数器 定时器 1：停止计数

② C/$\overline{T}$：功能选择位。C/$\overline{T}$=0 时，设置为定时器工作方式；C/$\overline{T}$=1 时，设置为计数器工作方式。

③ GATE：门控位。当 GATE=0 时，软件控制位 TR0 或 TR1 置 1 即可启动定时器；当 GATE=1 时，软件控制位 TR0 或 TR1 必须置 1，同时 $\overline{INT0}$（P3.2）或 $\overline{INT1}$（P3.3）必须为高电平方可启动定时器，即允许外中断 $\overline{INT0}$、$\overline{INT1}$ 启动定时器。

TCON 的位名称和功能如表 6-3 所示。

表 6-3 TCON 的位名称和功能

TCON 位	VD7	VD6	VD5	VD4	VD3	VD2	VD1	VD0
位名称	TF1	TR1	TF0	TR0	IE1	IT1	IE0	IT0
功能	T1 溢出标志位	T1 运行控制位	T0 溢出标志位	T0 运行控制位	和定时/读数无关			

TCON 的字节地址为 88H，可以位寻址。TF1 和 TR1 用于控制 T1，TF0 和 TR0 用于控制 T0。清溢出标志位或启动定时器都可以用位操作指令。例如，"SETB TR1"、"JBC TF1，LL"。

TCON 各位含义如下。

① TF1:定时器 1 溢出标志位。当定时器 1 计数满产生溢出时，由硬件自动置 TF1=1。在中断允许时，向 CPU 发出定时器 1 的中断请求，进入中断服务程序后，由硬件自动清 0。在中断屏蔽时，TF1 可作为查询测试用，此时只能由软件清 0。

② TR1：定时器 1 运行控制位。由软件置 1 或清 0 来启动或关闭定时器 1。当 GATE=1，且 $\overline{INT1}$ 为高电平时，TR1 置 1 启动定时器 1；当 GATE=0 时，TR1 置 1 即可启动定时器 1。

TF0、TR0 含义同 TF1、TR1。

3. 定时器/计数器的四种工作方式

（1）工作方式 0

定时器/计数器的工作方式 0 称为 13 位定时器/计数器方式。它由 TL 的低 5 位和 TH

的 8 位构成 13 位的计数器，TL 的高 3 位未用，T0（或 T1）工作方式 0 的逻辑电路结构图如图 6-2 所示。工作方式 0 是 13 位计数器，因此，最多可以计到 2 的 13 次方，也就是 8192 次。

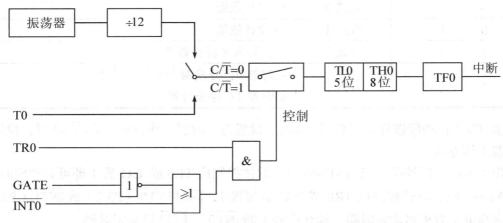

图 6-2　T0（或 T1）工作方式 0 的逻辑电路结构图

用图 6-2 来说明以下几个问题。

① M1M0：定时器/计数器一共有四种工作方式，就是用 M1M0 来控制的。

② C/$\overline{\text{T}}$：定时器/计数器既可定时也可计数，如果 C/$\overline{\text{T}}$ 为 0 就是用做定时器，如果 C/$\overline{\text{T}}$ 为 1 就是用做计数器。

③ GATE：在图 6-2 中，当选择了定时或计数工作方式后，定时器/计数器脉冲却不一定能到达计数器端，中间还有一个开关，显然这个开关不合上，计数脉冲就没法过去。

GATE=0，分析一下逻辑，GATE 取非后是 1，进入或门，或门总是输出 1，和或门的另一个输入端 INT1 无关，在这种情况下，开关的打开、合上只取决于 TR1，只要 TR1 是 1，开关就合上，计数脉冲得以畅通无阻，而如果 TR1 等于 0 则开关打开，计数脉冲无法通过，因此定时器/计数器是否工作，只取决于 TR1。

GATE=1，在此种情况下，计数脉冲通路上的开关不仅要由 TR1 来控制，而且还要受到 INT1 引脚的控制，只有 TR1 为 1，且 INT1 引脚也是高电平，开关才合上，计数脉冲才得以通过。

（2）工作方式 1

工作方式 1 是 16 位的定时器/计数器方式，M1M0 为 01，其他特性与工作方式 0 相同。工作方式 1 是 16 位计数器，因此，最多可以计到 2 的 16 次方，也就是 65536 次。

（3）工作方式 2

工作方式 2 是 16 位加法计数器，TH0 和 TL0 具有不同功能，其中，TL0 是 8 位计数器，TH0 是重置初值的 8 位缓冲器。工作方式 2 具有初值自动装入功能，每当计数溢出，就会打开高、低 8 位之间的开关，预置数进入低 8 位。这是由硬件自动完成的，不需要由人工干预。工作方式 2 是 8 位的计数器，因此，最多可以计到 2 的 8 次方，也就是 256 次。

（4）工作方式 3

定时器/计数器工作于方式 3 时，定时器 T0 被分解成两个独立的 8 位计数器 TL0 和 TH0，每个计数器最多也只能计数 256 次。

4．定时器/计数器初始化

由于定时器/计数器的功能是由软件编程确定的，所以一般在使用定时器/计数器前都要对其进行初始化，初始化步骤如下。

（1）确定工作方式——对 TMOD 赋值。

例：MOV　TMOD，#10H，表明定时器 1 工作在方式 1，且工作在定时器方式。

（2）预置定时或计数的初值——直接将初值写入 TH0、TL0 或 TH1、TL1。

定时器/计数器的初值因工作方式的不同而不同。设最大计数值为 M，则各种工作方式下的 M 值如下。

方式 0：$M=2^{13}=8192$

方式 1：$M=2^{16}=65536$

方式 2：$M=2^8=256$

方式 3：定时器 0 分成 2 个 8 位计数器，所以 2 个定时器的 M 值均为 256。

因定时器/计数器工作的实质是做"加 1"计数，所以，当最大计数值 M 值已知时，初值 X 可计算如下：

$X = M - $计数值

例：利用定时器 1 定时，采用方式 1，要求每 50ms 溢出一次，系统采用 12MHz 晶振。采用方式 1，M=65536。系统采用 12MHz 晶振，则计数周期

$$T=1\mu s$$
$$计数值=\frac{50\times 1000}{2}=50000$$

所以计数初值为：

$$X = 65536 - 50000 = 15536 = 3CB0H$$

将 3C、B0 分别预置给 TH1、TL1。

计算定时器/计数器初值时，也可以利用从网上下载的定时器初值计算工具，很方便地算出初值，如图 6-3 所示。

（3）根据需要开启定时器/计数器中断——直接对 IE 寄存器赋值。

例：MOV IE,#82H，表明允许定时器 T0 中断。

（4）启动定时器/计数器工作——将 TR0 或 TR1 置 1。

GATE = 0 时，直接由软件置位启动；GATE = 1 时，除软件置位外，还必须在外中断引脚处加上相应的电平值才能启动。

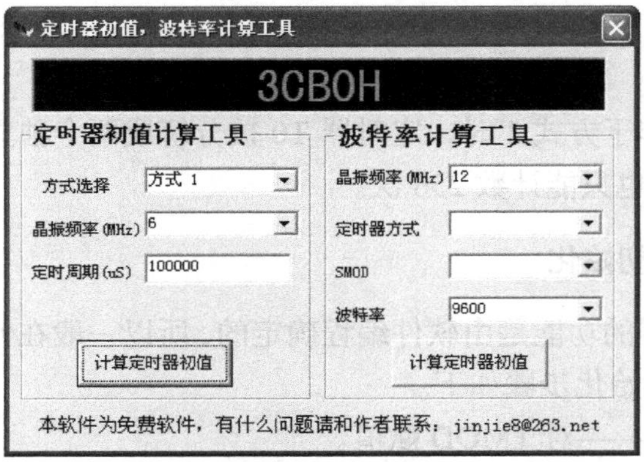

图 6-3　计算定时器/计数器初值的工具

5．定时器/计数器的编程和应用

定时器/计数器是单片机应用系统中的重要部件，通过下面的实例可以看出，灵活应用定时器/计数器可提高编程效率，减轻 CPU 的负担，简化外围电路。

例 6.1　用定时器 1 方式 0 实现 1s 的延时。

解：因方式 0 采用 13 位计数器，其最大定时时间为 $8192 \times 1\mu s = 8.192ms$，因此，可选择定时时间为 5ms，再循环 200 次。定时时间选定后，再确定计数值为 5000，则定时器 1 的初值为：

$$X = M - 计数值 = 8192 - 5000 = 3192 = C78H = 0110001111000B$$

因 13 位计数器中 TL1 的高 3 位未用，应填写 0，TH1 占高 8 位，所以，X 的实际填写值应为：

$$X = 0110001100011000B = 6318H$$

即 TH1 = 63H，TL1 = 18H，又因采用方式 0 定时，故 TMOD = 00H。

1s 定时子程序如下：

```
        DELAY:   MOV R3, #200        ; 置 5ms 计数循环初值
                 MOV TMOD, #00H      ; 设定时器 1 为方式 0
                 MOV TH1, #63H       ; 置定时器初值
                 MOV TL1, #18H
                 SETB TR1            ; 启动 T1
        LP1:     JBC TF1, LP2        ; 查询计数溢出
                 SJMP LP1            ; 未到 5ms 继续计数
        LP2:     MOV TH1, #63H       ; 重新置定时器初值
                 MOV TL1, #18H
                 DJNZ R3, LP1        ; 未到 1s 继续循环
                 RET                 ; 返回主程序
```

例 6.2　利用 T0 方式 0 产生 1ms 的定时，在 P1.0 端口上输出周期为 2ms 的方波，设晶振频率 6MHz。

解： 要在 P1.0 端口得到周期为 2ms 的方波，只要使 P1.0 端口每隔 1ms 取反一次即可。

（1）设置 T0 的方式字

T0 的方式字为 TMOD=00H。

TMOD.0、TMOD.1　M1M0=00，T0 的方式 0；

TMOD.2　C/$\overline{\text{T}}$=0，T0 为定时状态；

TMOD.3　GATE=0，表示计数不受 $\overline{\text{INT0}}$ 控制；

TMOD.4 ~ TMOD.7 可为任意字，因不用 T1，这里均取 0 值。

（2）计算 1ms 定时 T0 的初值

晶振频率为 6MHz，则机器周期为 2μs，设 T0 的初值为 X，则

$$(2^{13}-X)\times 2\times 10^{-6}=1\times 10^{-3}$$

这样 X=7692D=1111000001100B=0F00CH

因此，TH0 的初值为 F0H，TL0 的初值为 0CH。

（3）编程

方法一：查询方式。

采用查询 TF0 的状态来控制 P1.0 输出，程序如下：

```
            ORG 0000H
            LJMP MAIN
            ORG 0030H
MAIN:       MOV TMOD, #00H          ;设置 T0 方式 0
            MOV TL0, #0CH           ;送初值
            MOV TH0, #0F0H
            SETB TR0                ;启动 T0
LOOP:       JBC TF0, NEXT           ;查询定时时间
            SJMP LOOP
NEXT:       MOV TL0, #0CH           ;重装计数初值
            MOV TH0, #0F0H
            CPL P1.0                ;取反输出
            SJPM LOOP
            END
```

采用查询方式的程序简单，但在定时器整个计数过程中，CPU 要不断地查询溢出时标志位 TF0 的状态，这就占用了 CPU 工作时间，效率不高。

方法二：中断方式。

采用定时器中断方式产生所要求的波形，程序如下：

```
              ORG 0000H
              LJMP MAIN
              ORG 000BH
              LJMP INTT0
              ORG 0030H
    MAIN:     MOV SP, #50H
              MOV TMOD, #00H        ; 设置 T0 方式 0
              MOV TL0, #0CH         ; 送初值
              MOV TH0, #0F0H
              SETB EA               ; CPU 开中断
              SETB ET0              ; T0 允许中断
              SETB TR0              ; 启动 T0
    HERE:     SJMP HERE             ; 虚拟主程序
    INTT0:    MOV TL0, #0CH         ; 重装计数初值
              MOV TH0, #0F0H
              CPL P1.0              ; 取反输出
              RETI                  ; 中断返回
              END
```

三、相关指令

本项目相关指令主要为 JBC。

位转移类指令：JBC。

通用格式：JBC bit,<相对地址>   ;直接位为 1，则相对转移，然后该位清 0

例：JBC TF0，NEXT

若 TF0 位为 1，则转移到 NEXT 处执行，然后将 TF0 清 0；若 TF0 位为 0，则执行该语句的下一条指令。此指令只能用于可以位寻址的直接寻址位。

 基本技能

技能实训一　制作 1s 定时闪烁电路

实训目的

（1）掌握定时器的初始化。

（2）掌握定时器的编程和使用。

（3）掌握使用 Keil C 软件调试和编译程序。

（4）掌握使用 ISP 下载线下载程序。

实训内容

一、硬件电路制作

1. 电路原理

根据任务要求，1s 定时闪烁电路如图 6-4 所示。P2.4 输出低电平使发光二极管发光。

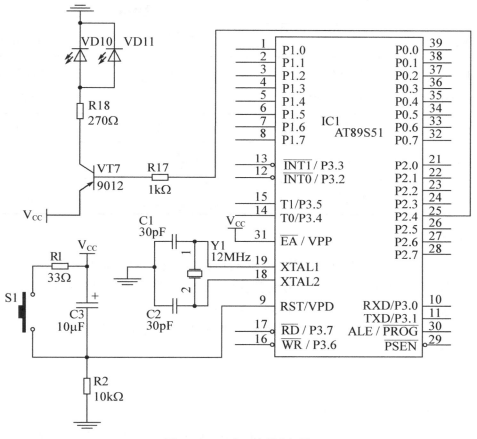

图 6-4　1s 定时闪烁电路

2. 元件清单

1s 定时闪烁电路元件清单如表 6-4 所示。

表 6-4　1s 定时闪烁电路元件清单

代　号	名　　称	实物图	规　　格
R1	电阻		33Ω

代　　号	名　　称	实　物　图	规　　格
R2	电阻		10kΩ
R17	电阻		1kΩ
R18	电阻		270Ω
C1、C2	瓷介电容		30pF
C3	电解电容		10μF
Y1	晶振		12MHz
U1	单片机		AT89S51
VD10、VD11	发光二极管		红色φ5
VT7	PNP 型三极管		9012
S1	轻触按键		
	IC 插座		40 脚

3．电路制作步骤

对于简单电路，可以在万能实验板上进行电路的插装焊接。制作步骤如下：

① 按图 6-4 所示电路原理图在万能实验板中绘制电路元器件排列布局图；

② 按布局图依次进行元器件的排列、插装；

③ 按焊接工艺要求对元器件进行焊接，背面用φ0.5 ~ φ1mm 镀锡裸铜线连接，直到所有的元器件连接并焊完为止。

4．电路的调试

通电之前先用万用表检查各种电源线与地线之间是否有短路现象。

给硬件系统加电，检查所有插座或器件的电源端是否符合要求的电压值，接地端电压是否为 0V。

二、程序编写

用定时器/计数器 1，工作方式 1，TMOD 设置为 10H。定时时间取 100ms，对 100ms中断 5 次，就是 0.5s。100ms 的计数初值为 3CB0H。

```
ORG  0000H              ;程序开始
LJMP START              ;转初始化程序
```

```
            ORG 001BH          ;定时器/计数器 1 中断入口地址
            LJMP RT1           ;转定时器/计数器 1 中断服务程序
            ORG 0030H          ;初始化程序开始
START:      MOV TMOD,#10H      ;定时器/计数器 1,工作方式 1
            MOV TH1,#3CH       ;设置计数初值
            MOV TL1,#0B0H      ;设置计数初值
            MOV R2,#05H        ;设置记录中断次数初值
            SETB EA            ;开启总中断允许
            SETB ET1           ;开启定时器/计数器 1 中断允许
            SETB TR1           ;启动定时器/计数器 1
MAIN:       NOP                ;主程序不执行任何任务,只是等待中断
            LJMP MAIN
            ;  *******************中断服务程序
RT1:        TH1,#3CH           ;定时器/计数器 1 中断服务子程序,置计数初值
            MOV TL1,#0B0H
            DJNZ R2,BACK       ;中断次数少于 5 次直接返回
            MOV R2,#05H        ;重新置中断次数初值
            CPL P2.4           ;P2.4 取反
            BACK:RETI          ;中断返回
            END
```

三、程序的调试与下载

（1）在编译完毕之后，选择"Debug"→"Start/Stop Debug Session"选项，如图 6-5 所示。或单击工具按钮 ，即进入仿真环境。

（2）单击菜单"Peripherals"→"Timer"→"Timer 1"，此时，弹出定时器/计数器 T1 的状态窗口，如图 6-6 所示。

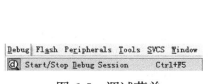

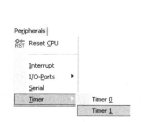

图 6-5　调试菜单　　　　　图 6-6　弹出定时器/计数器 T1 的状态窗口

（3）单击菜单"Peripherals"→"Interrupt"，此时，弹出中断系统的状态窗口，如图 6-7 所示。

（4）按下单步执行按钮（Step over）⚡，观察验证定时器/计数器 T1 和中断系统的

状态变化，程序执行后 T1 和中断系统的状态变化如图 6-8 所示。

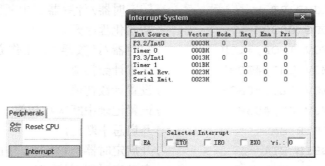

图 6-7　弹出中断系统的状态窗口

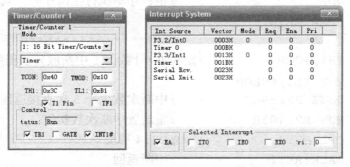

图 6-8　观察验证定时器/计数器 T1 和中断系统的状态变化

任务二　制作数字时钟

　　数字时钟要完成的功能是显示小时、分钟和秒，是一个按秒计数并显示的计数器，其中秒和分钟是 60 进制，小时是 24 进制（也可用 12 进制）计数。我们常见的数字时钟一般采用数码管作为显示工具，有的具有调时和定时等功能。

 基础知识

一、数字时钟电路

　　简单的数字时钟至少应该具有计时和调时功能，硬件电路主要由 CPU、时钟电路、复位电路、数码显示电路、1s 闪烁电路和按键等组成。

　　CPU：选用 AT89S51，4KB 片内程序存储器，如图 6-9 所示。

　　时钟与复位电路：选用 6MHz 晶振，采用上电复位和手工复位，如图 6-10 所示。

　　数码显示电路采用四个数码管用做时间显示，分别显示小时和分钟，用单片机的 P1 口作为段控，P2 口的 P2.0、P2.1、P2.2、P2.3 作为位控，采用软件译码、动态扫描方式显示。P2 口 P2.0、P2.1、P2.2、P2.3 作为位控制端，由于数码管的电流较大，采用 PNP

型三极管电流驱动，显示电路如图 6-11 所示。

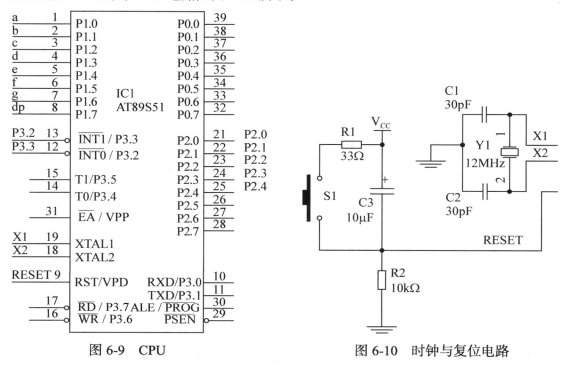

图 6-9   CPU

图 6-10   时钟与复位电路

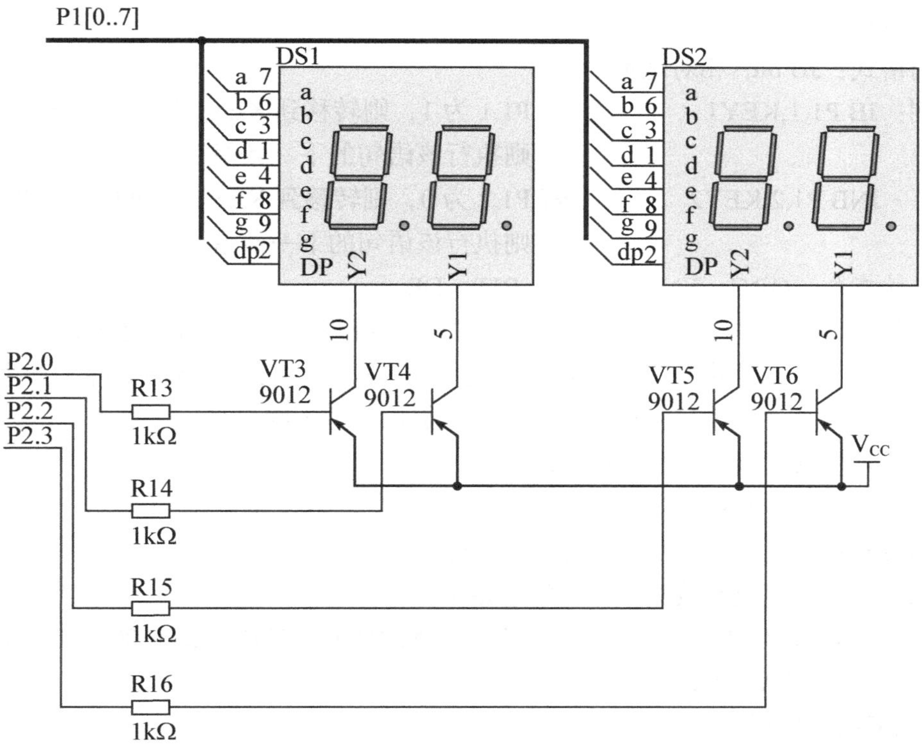

图 6-11   显示电路

1s 定时闪烁电路如图 6-12 所示。P2.4 输出低电平使发光二极管发光。

按键：P3 口的 P3.2、P3.3 接两个独立按键，进行时间调整，可实现小时加 1 和分钟加 1 功能，按键如图 6-13 所示。

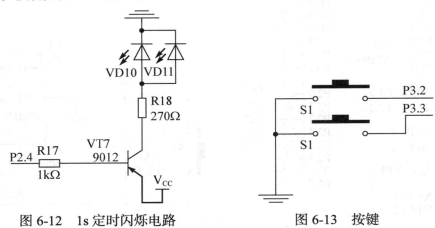

图 6-12　1s 定时闪烁电路　　　　　图 6-13　按键

二、相关指令

本项目相关指令主要有：JB、JNB、ORG、END、EQU、BIT、DB。

（1）位转移指令：JB、JNB

通用格式：JB bit,<相对地址>

举例：JB P1.1,KEY1　　　　;若 P1.1 为 1，则转移到 KEY1 处执行；若 P1.1 为 0，则执行该语句的下一条指令

　　　JNB P1.2,KEY2　　　　;若 P1.2 为 0，则转移到 KEY1 处执行；若 P1.2 为 1，则执行该语句的下一条指令

（2）伪指令：ORG、END、EQU、BIT、DB

单片机汇编语言程序设计中，除了使用指令系统规定的指令外，还要用到一些伪指令。伪指令又称指示性指令，具有和指令类似的形式，但汇编时伪指令并不产生可执行的目标代码，只是对汇编过程进行某种控制或提供某些汇编信息。

下面对常用的伪指令进行简单介绍。

① 定位伪指令 ORG。

通用格式：[标号：]　ORG　地址表达式

功能：规定程序块或数据块存放的起始位置。

例：　　ORG 0030H　　　;表示下面指令 MOV A，#20H 存放于 0030H 开始的单元
　　　　MOV A，#20H

② 汇编结束伪指令 END。

通用格式：[标号：]　END

功能：汇编语言源程序结束标志，用于整个汇编语言程序的末尾处。

③ 符号定义伪指令 EQU 或=

格式：符号名　EQU　表达式

符号名=表达式

功能：将表达式的值或某个特定汇编符号定义为一个指定的符号名，只能定义单字节数据，并且必须遵循先定义后使用的原则，因此该语句通常放在源程序的开头部分。

例：　　　HOUR EQU 40H　　　　　;定义 HOUR 为 40H 单元

　　　　　MOV A,#12

　　　　　MOV HOUR,A　　　　　;执行指令后，HOUR 即 40H 单元中的值为#12

④ 位定义伪指令 BIT。

通用格式：符号名　BIT bit

功能：将位存储单元地址（bit）用字符串代替。

例：SW1 BIT P3.2　　　　　　　;将 P3.2 用 SW1 来代替

⑤ 定义字节数据伪指令 DB

通用格式：[标号：]　DB　字节数据表

功能：字节定义伪指令，将随后的一串 8 位二进制数（字节彼此由逗号隔开）连续存放在存储器中，常用于定义字节常数表。

例：　　　ORG 0100H

　　　　　TAB：DB 0C0H,0F9H,0A4H,0B0H,99H,92H,82H,0F8H,80H,90H

　　　　　　　;表示从 0100H 单元开始的地方存放数据 0C0H,0F9H,0A4H,0B0H,99H,92H,82H,0F8H,80H,90H

 基本技能

技能实训二　制作数字时钟

实训目的

（1）掌握数码管动态显示及编程。

（2）掌握定时器的使用及编程。

（3）掌握独立按键的使用及编程。

（4）掌握使用 Keil C 软件调试和编译程序。

（5）掌握使用 ISP 下载线下载程序。

实训内容

一、硬件电路制作

1．电路原理图

根据任务要求，数字时钟电路如图 6-14 所示。

2．元件清单

数字时钟电路元件清单如表 6-5 所示。

表 6-5　数字时钟电路元件清单

代　　号	名　　称	实 物 图	规　　格
R1	电阻		33Ω
R2	电阻		10kΩ
R13 ~ R17	电阻		1kΩ
R18	电阻		270Ω
C1、C2	瓷介电容		30pF
C3	电解电容		10μF
Y1	晶振		12MHz
U1	单片机		AT89S51
VD10、VD11	发光二极管		红色φ5
VT3 ~ VT7	PNP 型三极管		9012
DS1、DS2	数码管		共阳型
S1、S2、S3	轻触按键		
	IC 插座		40 脚

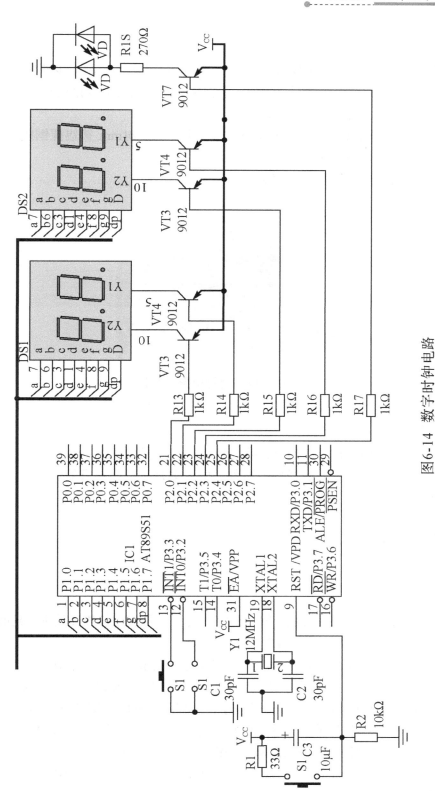

图6-14 数字时钟电路

3．电路制作步骤

对于简单电路，可以在万能实验板上进行电路的插装焊接。制作步骤如下：

① 按图 6-15 所示电路原理图在万能实验板中绘制电路元器件排列布局图；

② 按布局图依次进行元器件的排列、插装；

③ 按焊接工艺要求对元器件进行焊接，背面用 φ0.5～φ1mm 镀锡裸铜线连接，直到所有的元器件连接并焊完为止。

数字时钟电路装接图如图 6-15 所示。

图 6-15　数字时钟电路装接图

4．电路的调试

通电之前先用万用表检查各种电源线与地线之间是否有短路现象。

给硬件系统加电，检查所有插座或器件的电源端是否符合要求的电压值，接地端电压是否为 0V。

二、程序编写

1．程序流程图

根据数字时钟系统实现的功能，软件要完成的工作是按键扫描和处理、延时 1s 并计时、显示数值 BCD 码转换、动态扫描显示程序等。

初始化程序及主程序：初始化程序主要完成定义变量内存分配、初始化缓冲区、初始化 T0 定时器、初始化中断，开中断、启动定时器；主程序循环执行调用按键处理子程序、调用 BCD 码转换子程序、调显示子程序，主程序流程图如图 6-16 所示。

按键扫描子程序：根据硬件电路，两个按键的作用是完成调时，即 SW1 小时加 1、SW2 小时加 1。扫描过程为逐一轮流检查按键是否按下，如果没有按下，则继续检查下一按键；如果按键按下，延时去抖后执行按键相应功能指令，按键扫描子程序流程图如图 6-17 所示。

定时器中断服务程序：利用定时器/计数器 T0 进行 50ms 的定时，R3 计数 20 次，完成 1s 计时并加 1，判断是不是到 60s，到 60s 分钟加 1，判断是不是到 60min，到 60min 小时加 1，小时到 24 时置 0，定时器中断服务程序流程图如图 6-18 所示。

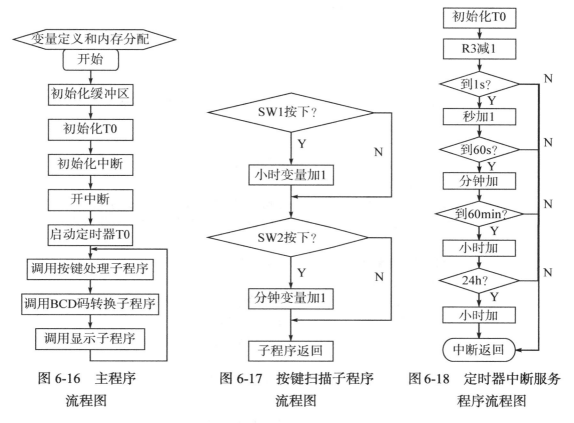

图 6-16　主程序
流程图

图 6-17　按键扫描子程序
流程图

图 6-18　定时器中断服务
程序流程图

BCD 码转换子程序：小时数值 HOUR 送 A，除以 10，A 中商为小时十位，送 HOUR_2 保存，B 中余数为小时个位，送 HOUR_1 保存。分钟数值 MIN 送 A，除以 10，A 中商为分钟十位，送 MIN_2 保存，B 中余数为分钟个位，送 MIN_1 保存。

显示时间程序采用动态扫描的方法，P0 口输出段码，P2 口的 P2.0、P2.1、P2.2、P2.3 输出位码，依次显示小时十位、小时个位、分钟十位和分钟个位，同时 P2.4 控制两个发光二极管闪烁。

2. 数字时钟参考程序清单

```
HOUR EQU 40H              ;小时变量
MIN EQU   41H            ;分钟变量
SEC EQU   42H            ;秒变量
HOUR_1 EQU 50H           ;小时 BCD 码个位
HOUR_2 EQU 51H           ;小时 BCD 码十位
MIN_1 EQU 52H            ;分钟 BCD 码个位
```

```
        MIN_2 EQU 53H              ;分钟 BCD 码十位
        SW1 BIT P3.2               ;小时加 1 按键
        SW2 BIT P3.3               ;分钟加 1 按键
;*************************************************************
*****
        ORG 0000H
        LJMP START                 ;转移到初始化程序
        ORG 000BH
        LJMP CT0S                  ;到定时器 0 的中断服务程序
        ORG 0030H
START:                             ;初始化部分
        MOV HOUR,#12               ;初始时间 12:00
        MOV MIN,#00
        MOV R3,#20                 ;初始化 R3（20 次 50ms 的中断）
        MOV TMOD,#01H              ;初始化 T0 定时器，T0 工作方式 1 ，定时
50ms
        MOV TH0,#04BH              ;送定时器初值
        MOV TL0,#0FFH
        SETB EA                    ;开总中断
        SETB ET0                   ;开定时器 0 中断
        SETB TR0                   ;启动定时器
MAIN:
        LCALL KEYPRESS             ;调按键处理子程序
        LCALL BCD8421              ;调 BCD 码转换子程序
        LCALL DISPLAY              ;调显示子程序
        LJMP MAIN
;*********************************************************
DELAY:  MOV R7,#255                ;延时子程序
D2:     DJNZ R7,D2
        RET
;*********************************************************
KEYPRESS:                          ;按键处理子程序，P3.2、P3.3 为按键的接口
        SETB SW1                   ;设置为输入
        JB SW1,KEY1                ;按键没有按下，查询下一按键
        LCALL DELAY                ;若按下，延时去抖
        JB SW1,KEY1
        MOV A,HOUR                 ;小时变量送 A
        INC A                      ;小时数加 1
        MOV HOUR,A                 ;保存小时数
```

```
                    CJNE A,#24,KEY0          ;如果不等于24,等待按键释放
                    MOV HOUR,#00H            ;如果等于24,则使小时变量送0
        KEY0:       LCALL DISPLAY            ;调显示子程序起延时去抖的作用,保证扫描显示
不停止

                    JNB SW1,KEY0             ;没有释放,继续等待
                    LCALL DISPLAY
                    JNB SW1,KEY0
        KEY1:   SETB SW2
                    JB SW2,KRET
                    LCALL DELAY
                    JB SW2,KRET
                    MOV A,MIN
                    INC A                    ;分钟变量加1
                    MOV MIN,A
                    CJNE A,#60,KEY10         ;如果不等于60,等待按键释放
                    MOV MIN,#00H             ;如果等于60,则使分钟变量送0
        KEY10:    LCALL DISPLAY
                    JNB SW2,KEY10
                    LCALL DISPLAY
                    JNB SW2,KEY10
        KRET:     RET
;***************************************************
        CT0S:                                ;定时1s,秒加1,秒满60min加1,分钟满60h加1
                    PUSH Acc                 ;保护现场
                    MOV TH0,#04BH            ;重新送定时器初值
                    MOV TL0,#0FFH
                    DJNZ R3,TIMEEND          ;中断次数不足20次直接返回
                    MOV R3,#20               ;中断次数满20次为1s,重新送计数初值
                    MOV A,SEC                ;秒增加1
                    INC A
                    MOV SEC,A
                    CJNE A,#60,TIMEEND
                    MOV SEC,#00H
                    MOV A,MIN                ;满60s,分钟加1
                    INC A
                    MOV MIN,A
                    CJNE A,#60,TIMEEND
                    MOV MIN,#00H
                    MOV A,HOUR               ;满60min,小时加1
                    INC A
```

```
        MOV HOUR,A
        CJNE A,#24,TIMEEND
        MOV HOUR,#00H
        TIMEEND:POP Acc          ;恢复现场
        CPL P2.4
        RETI
;*********************BCD 码转换子程序，变量不大于 60，没有百位
BCD8421: MOV A,HOUR
        MOV B,#0AH
        DIV AB                   ;除以 10，商为十位，余数为个位
        MOV HOUR_2,A
        MOV HOUR_1,B
        MOV A,MIN
        MOV B,#0AH
        DIV AB
        MOV MIN_2,A
        MOV MIN_1,B
        RET
;*****************************************************************
*****
DISPLAY:                         ;以下是显示子程序，P1 口输出段码，P2 口输出位码
        MOV P2,#00H              ;显示小时的部分
        MOV DPTR,#CHAR
        MOV A,HOUR_2
        MOVC A,@A+DPTR
        MOV P1,A
        MOV P2,#0FDH
        LCALL DELAY
        MOV A,HOUR_1
        MOVC A,@A+DPTR
        MOV P1,A
        MOV P2,#0FEH
        LCALL  DELAY
        MOV A,MIN_2              ;显示分钟的部分
        MOVC A,@A+DPTR
        MOV P1,A
        MOV P2,#0F7H
        LCALL DELAY
        MOV A,MIN_1
        MOVC A,@A+DPTR
```

```
          MOV P1,A
          MOV P2,#0FBH
          LCALL DELAY
          RET
    CHAR:DB 0C0H,0F9H,0A4H,0B0H,99H,92H,82H,0F8H,80H,90H ;共阳型字形
码表
          END
```

三、程序的调试与下载

 项目评价

	项目检测	分　值	评分标准	学生自评	教师评估	项目总评
任务知识内容	定时器/计数器的基础知识	10				
	定时器/计数器的编程使用	30				
	1s 定时闪烁电路的制作	20				
	数字时钟电路的制作	30				
	安全操作	5				
	现场管理	5				

 项目小结

（1）AT89S51 单片机有两个 16 位的定时器/计数器，既可以作定时器使用，也可以作计数器使用。

（2）定时器/计数器有 4 种工作方式，工作方式由寄存器 TMOD 决定，每种工作方式计数的最大值不同。

（3）定时器/计数器初始化的步骤一般如下：

① 确定工作方式（对 TMOD 赋值）；

② 预置定时或计数的初值（直接将初值写入 TH0、TL0 或 TH1、TL1）；

③ 根据需要开启定时器/计数器中断（直接对 IE 寄存器赋值）；

④ 启动定时器/计数器工作（若用软件激活，则可将 TR0 或 TR1 置"1"）。

（4）数字时钟的硬件电路主要由 CPU、时钟电路、复位电路、数码显示电路、1s 闪烁电路和按键等组成。

思考与练习

1. 如果系统的晶振频率为 12MHz，分别指出定时器/计数器工作方式 1 和工作方式 2 最长定时时间是多少？

2. 如果系统的晶振频率为 12MHz，利用定时器 T0 工作方式 1，在 P2.0 端口产生频率为 100Hz 的方波，试编写程序。

3. 已知晶振频率 6MHz，若定时器 T0 工作于方式 0，要求定时 2ms，试计算 TH0 和 TL0 的初值是多少？当作为计数器要求计数 2000 次时，TH0 和 TL0 的初值是多少？

4. 若为本项目的数字时钟增加小时减 1、分钟减 1 的调时功能，电路和程序应该怎样修改？

5. 若将本项目数字时钟的 1s 闪烁电路去掉，改为两位数码管显示秒数值，用 P2 口的 P2.4 和 P2.5 控制，电路和程序应该怎样修改？

制作数字电压表

在自动控制领域中，通常需要用单片机进行实时控制和数据处理，由于被测对象或者被控对象在时间上和数值上是连续变化的模拟量，如温度、速度、压力、电流、电压等，而单片机只能处理数字量，因此在单片机应用系统中处理模拟量时，需要进行模拟量与数字量之间的转换，即 A/D 转换和 D/A 转换。本项目将讲述 A/D 转换的相关知识，并制作一个实用的数字电压表。

 知识目标

1. 了解 ADC0809 芯片的内部结构。
2. 掌握 ADC0809 芯片的引脚功能及工作过程。
3. 掌握 ADC0809 与单片机的接口电路。

 技能目标

1. 掌握系统扩展的方法。
2. 掌握数字电压表电路的原理和制作。
3. 掌握相应电路的程序编写。

任务一 认识 A/D 转换电路

A/D 转换电路是单片机应用系统中的重要部件。它负责接收现场的模拟信号，并将其转换为单片机能够处理的数字信号。

 基础知识

一、A/D 转换电路简介

A/D 转换电路能够将模拟信号转换为与之对应的二进制数字信号。根据转换原理，

A/D 转换器可以分为逐次逼近式、双积分式、计数器式和并行式，其中使用较多的是逐次逼近式。它结构简单，转换精度和转换速度高，且价格低，通常使用的逐次逼近式典型 A/D 转换器芯片是 ADC0809。转换原理这里就不再细述。

A/D 转换器的性能指标是衡量转换质量的关键，也是正确选择 A/D 转换器的依据。A/D 转换器的性能指标包括如下几个方面。

① 分辨率：分辨率通常用数字量的位数表示，如 8 位 A/D 转换器的分辨率就是 8 位，或者说分辨率为满刻度的 $1/2^8 =1/256$。分辨率越高，对于输入量微小变化的反应越灵敏。

② 量程：即 A/D 转换器所能转换的电压范围，如 5V，10V。

③ 转换精度：指的是实际的 A/D 转换器与理想的 A/D 转换器在量化值上的差值。

④ 转换时间：是指 A/D 转换器转换一次所用的时间，其倒数是转换速率。

⑤ 温度系数：是指 A/D 转换器受环境温度影响的程度。一般用环境温度变化1℃所产生的相对误差来作为指标。

二、A/D 转换集成电路 ADC0809 简介

1．ADC0809 内部逻辑结构

ADC0809 的内部逻辑结构框图如图 7-1 所示。它由 8 路模拟开关及地址锁存与译码器、8 路 A/D 转换器和三态输出锁存器三大部分组成。

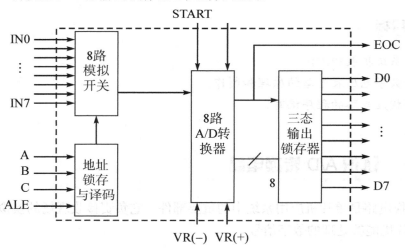

图 7-1　ADC0809 的内部逻辑结构框图

（1）8 路模拟开关及地址锁存与译码器

8 路模拟开关用于锁存 8 路的输入模拟电压信号,且在地址锁存与译码器作用下切换 8 路输入信号，选择其中一路与 A/D 转换器接通。地址锁存与译码器在 ALE 信号的作用

156

下锁存 A、B、C 上的 3 位地址信息，经过译码通知 8 路模拟开关选择通道。ADC0809 通道选择表如表 7-1 所示。

表 7-1　ADC0809 通道选择表

C	B	A	选择的通道
0	0	0	IN0
0	0	1	IN1
0	1	0	IN2
0	1	1	IN3
1	0	0	IN4
1	0	1	IN5
1	1	0	IN6
1	1	1	IN7

（2）8 路 A/D 转换器

8 路 A/D 转换器用于将输入的模拟量转换为数字量，A/D 转换由 START 信号启动控制，转换结束后控制电路将转换结果送入三态输出锁存器锁存，并产生 EOC 信号。

（3）三态输出锁存器

三态输出锁存器用于锁存 A/D 转换的数字量结果。在 OE 低电平时，数据被锁存，输出为高阻态；当 OE 为高电平时，可以从三态输出锁存器读出转换的数字量。

2．ADC0809 的引脚及功能

ADC0809 芯片采用双列直插式封装，共有 28 个引脚，其引脚图如图 7-2 所示。各引脚的功能如下。

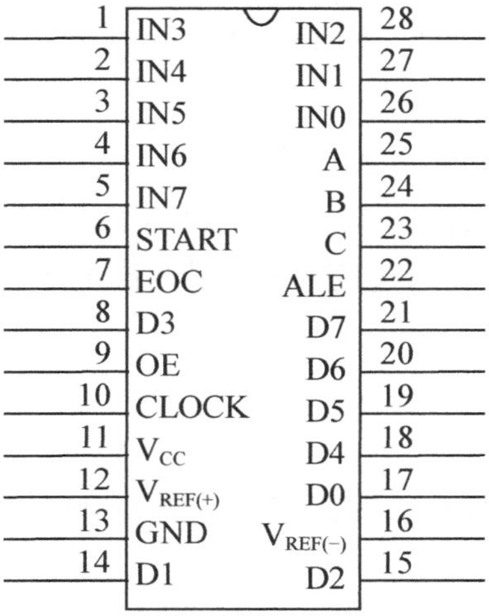

1	IN3	IN2	28
2	IN4	IN1	27
3	IN5	IN0	26
4	IN6	A	25
5	IN7	B	24
6	START	C	23
7	EOC	ALE	22
8	D3	D7	21
9	OE	D6	20
10	CLOCK	D5	19
11	V_{CC}	D4	18
12	$V_{REF(+)}$	D0	17
13	GND	$V_{REF(-)}$	16
14	D1	D2	15

图 7-2　ADC0809 的引脚图

① IN7 ~ IN0：模拟量输入通道。ADC0809 对输入模拟量的要求主要有，信号为单极性，电压范围 0 ~ 5V，如果信号输入过小，则必须放大。同时，模拟量输入在 A/D 转换过程中其值应保持不变，而对变化速度较快的模拟量，在输入前应当外加采样保持电路。

② D7 ~ D0：转换结果输出端。该输出端为三态缓冲输出形式，可以和单片机的数据线直接相连。

③ A、B、C：模拟通道地址线。A 为低位，C 为高位，用于选择模拟通道。其地址状态与通道相对应的关系如表 7-1 所示。

④ ALE：地址锁存控制信号。当 ALE 为高电平时，A、B、C 地址状态送入地址锁存器中，选定模拟输入通道。

⑤ START：启动转换信号。在 START 上跳沿时，所有内部寄存器清 0；在 START 下跳沿时，启动 A/D 转换；在 A/D 转换期间，START 应保持低电平。

⑥ CLOCK：时钟信号。ADC0809 的内部没有时钟电路，所需要的时钟信号由外部提供，通常使用频率为 500kHz 的时钟信号，最高频率为 1280kHz。

⑦ EOC：A/D 转换结束状态信号。EOC=0，表示正在进行转换；EOC=1，表示转换结束。该状态信号既可供查询使用，又可作为中断请求信号使用。

⑧ OE：输出允许信号。OE=1 时，控制三态输出锁存器将转换结果输出到数据总线。

⑨ $V_{REF}(+)$、$V_{REF}(-)$引脚：接正负基准电压。通常 $V_{REF}(+)$接 V_{CC}，$V_{REF}(-)$接 GND。当精度要求较高时需要另接高精度电源。

3．ADC0809 的工作过程

综上所述，ADC0809 的工作过程如下：

① 首先确定 A、B、C 三位地址，从而选择模拟信号由哪一路输入；

② ALE 端接受正脉冲信号，使该路模拟信号经锁存后进入比较器的输入端；

③ START 端接受正脉冲信号，START 的上升沿将逐次逼近寄存器复位，下降沿启动 A/D 转换；

④ EOC 输出信号变低，指示转换正在进行；

⑤ A/D 转换结束，EOC 变为高电平，指示 A/D 转换结束。此时，数据已保存到 8 位三态输出锁存器中。CPU 可以通过使 OE 信号为高电平，打开 ADC0809 三态输出，将转换后的数字量送至 CPU。

 议一议

（1）结合 ADC0809 的引脚及功能，讨论 ADC0809 的工作过程在信号产生和应答方面具有怎样的合理性？

（2）查阅有关 A/D 转换方面的资料，比较不同型号 A/D 转换芯片之间的差异。

（3）想一想，我们的身边有哪些电子产品需要 A/D 转换器？

知识拓展

A/D 转换的基本原理

A/D 转换主要有计数式 A/D 转换、逐次逼近式 A/D 转换、双积分式 A/D 转换、并行 A/D 转换、V/F 交换式 A/D 转换等。其中计数式 A/D 转换由于转换速度较慢，目前市场上已被淘汰。并行 A/D 转换电路复杂，成本高，只在转换速度要求较高的场合使用。下面简要讲述逐次逼近式 A/D 转换和双积分式 A/D 转换的基本原理。

1. 逐次逼近式 A/D 转换器

逐次逼近式 A/D 转换器是常见的一种 A/D 转换电路，转换的时间为微秒级。逐次逼近式 A/D 转换器的原理图如图 7-3 所示，其结构包括：电压比较器、D/A 转换器、逐次逼近寄存器、输出缓冲器及控制逻辑电路。

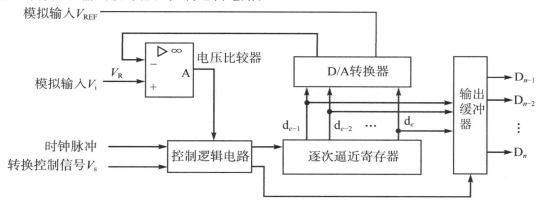

图 7-3   逐次逼近式 A/D 转换器的原理图

逐次逼近式 A/D 转换器的转换过程：初始化时将逐次逼近寄存器各位清 0；转换开始时，先将逐次逼近寄存器最高位置 1，其他位置 0，所得数字量送入 D/A 转换器，经 D/A 转换后生成的模拟量送入比较器，称为 V_R，与送入电压比较器的待转换模拟量 V_i 进行比较，若 $V_R < V_i$，该位 1 被保留，否则说明此数字过大需要清除。然后再置逐次逼近寄存器次高位为 1，其他位置 0，将寄存器中新的数字量送 D/A 转换器，输出的 V_R 再与 V_i 进行比较，若 $V_R < V_i$，该位 1 被保留，否则被清除。重复此过程，直至寄存器内最低位比较完为止。这时寄存器中所存的数码就是所求的输出数字量。

转换结束后，将逐次逼近寄存器中的数字量送入输出缓冲器，得到数字量的输出。逐次逼近的操作过程是在一个控制逻辑电路的控制下进行的。

2. 双积分式 A/D 转换器

双积分式 A/D 转换器由电子开关、积分器、比较器、计数器和控制逻辑等部件组成。其转换原理是先将输入的模拟信号电压转换为与之成正比的时间宽度信号，然后在这个时间宽度里对固定的时钟脉冲计数，计数结果就是模拟电压的数字信号，这种转换属于间接转换。双积分式 A/D 转换器的原理图如图 7-4 所示。

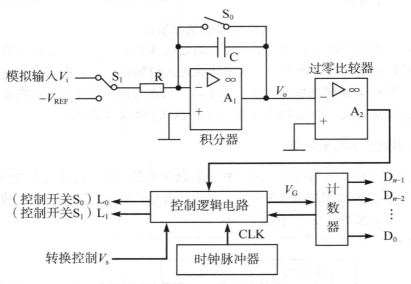

图 7-4　双积分式 A/D 转换器的原理图

双积分式 A/D 转换器的转换过程：先将开关接通待转换的模拟量 V_i，V_i 采样输入到积分器，积分器从零开始进行固定时间 T 的正向积分，时间 T 到后，开关再接通与 V_i 极性相反的基准电压 V_{REF}，将 V_{REF} 输入到积分器，进行反向积分，直到输出为 0V 时停止积分。V_i 越大，积分器输出电压越大，反向积分时间也越长。计数器在反向积分时间内所计的数值，就是输入模拟电压 V_i 所对应的数字量，因而实现了 A/D 转换。

任务二　制作数字电压表

数字电压表（数字面板表）是当前电工、电子、仪器、仪表和测量领域大量使用的一种基本测量工具，本项目将带领大家一起制作一款简单的数字电压表。

 基础知识

一、系统扩展

MCS-51 系列单片机片内的硬件电路已构成具有基本形式的微机系统，对于简单的应用场合，其最小应用系统就能满足用户要求；但对于较复杂的实际应用场合，由于单片机内部程序存储器、数据存储器的容量、I/O 接口的数量等资源有限，不能满足用户的要求，必须在片外做相应的扩展。系统扩展的任务实际上是用三组总线（数据总线 DB、地址总线 AB、控制总线 CB）将外部的芯片或电路与 CPU 连接起来构成一个整体。

对于 MCS-51 单片机，其三组总线如下。

（1）数据总线（8位）：P0口（D0～D7）提供8位数据线。

数据总线的连接方法如图7-5所示。

（2）地址总线（16位）：P0口（A0～A7）提供低8位地址；

P2口（A8～A15）提供高8位地址。

由于P0口既是数据线又是地址线，数据、地址分时复用，所以需要外加地址锁存器锁存低8位地址。地址总线的连接方法如图7-6所示。

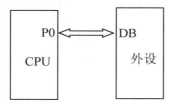
图7-5　数据总线的连接方法

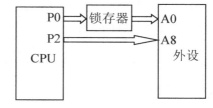
图7-6　地址总线的连接方法

（3）控制总线：扩展系统时常用的控制线有4条。

ALE为地址锁存信号，连接锁存器的控制脚；

$\overline{PSEN}$为片外程序存储器读控制信号，连接片外程序存储器的$\overline{OE}$脚；

$\overline{RD}$为读控制信号，连接外设$\overline{OE}$或$\overline{RD}$脚；

$\overline{WR}$为写控制信号，连接外设$\overline{WE}$或$\overline{WR}$脚。

综上所述，单片机三组总线结构扩展示意图如图7-7所示。

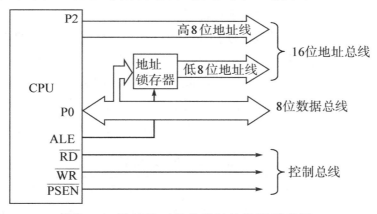
图7-7　单片机三组总线结构扩展示意图

二、外设的编址

为了区分不同的外设，在系统扩展时需要对每一个外设进行统一编址。

芯片扩展之后，可以用地址表来分析外设的地址。地址表如表7-2所示，地址表的第1行是CPU的所有地址线，高8位地址由P2口提供，低8位地址由P0口提供；第2

行是外设所对应的地址线（外设的地址线不一定有 16 根）；第 3 行是地址线的具体取值，根据电路的连接情况取"0"或者取"1"，对于没有连接的地址线可以取"0"，也可以取"1"，这时记为"×"。为便于计算，常常将"×"全部取"1"。在表 7-2 中，所形成的地址是：FCDAH。

表 7-2　地址表

P2.7	P2.6	P2.5	P2.4	P2.3	P2.2	P2.1	P2.0	P0.7	P0.6	P0.5	P0.4	P0.3	P0.2	P0.1	P0.0
A15	A14	A13	A12	A11	A10	A9	A8	A7	A6	A5	A4	A3	A2	A1	A0
×	×	×	×	×	×	0	0	1	1	0	1	1	0	1	0

三、A/D 电路接口

ADC0809 与 MCS-51 单片机的常用连接图如图 7-8 所示。

ADC0809 与单片机连接时需要解决好两个方面的问题：一方面是 8 路模拟信号的通道选择及启动转换，另一方面是 A/D 转换完成后转换数据的传送。

1. 8 路模拟信号的通道选择及启动转换

ADC0809 的模拟通道地址线 A、B、C 分别接系统地址锁存器提供的低 3 位地址，只要将 3 位地址写入 ADC0809 中，就可以实现模拟通道的选择。口地址由 P2.7 确定，以 $\overline{WR}$ 作为写选通信号，$\overline{RD}$ 作为读选通信号。

由图 7-8 可知，当单片机对地址锁存器执行一次写操作时，使得 P2.7 和 $\overline{WR}$ 有效，经或非门产生一个上升沿信号，将 A、B、C 上的地址信息送入地址锁存器后再译码，写操作完成后 $\overline{WR}$ 变为"1"无效，此时经或非门产生一个下降沿信号，启动 A/D 转换。

IN0 通道的地址表如表 7-3 所示，"×"表示没有连接的无关项（取值时可以取"0"，也可以取"1"），常常将"×"全部取"1"，因此其地址为 7FF8H。

表 7-3　IN0 通道地址表

P2.7	P2.6	P2.5	P2.4	P2.3	P2.2	P2.1	P2.0	P0.7	P0.6	P0.5	P0.4	P0.3	P0.2	P0.1	P0.0
A15	A14	A13	A12	A11	A10	A9	A8	A7	A6	A5	A4	A3	A2	A1	A0
0	×	×	×	×	×	×	×	×	×	×	×	×	0	0	0

例：要选择通道 0 时，采用如下两条指令，即可启动 A/D 转换。

```
MOV     DPTR, #07FF8H        ; 送入通道 0 的地址
MOVX    @DPTR, A             ; 启动 A/D 转换（IN0）
```

注意：此处用 MOVX　@DPTR，A 指令启动 AD0809，只与 DPTR 中的通道地址有关，与累加器 A 的值无关，可为任意值。

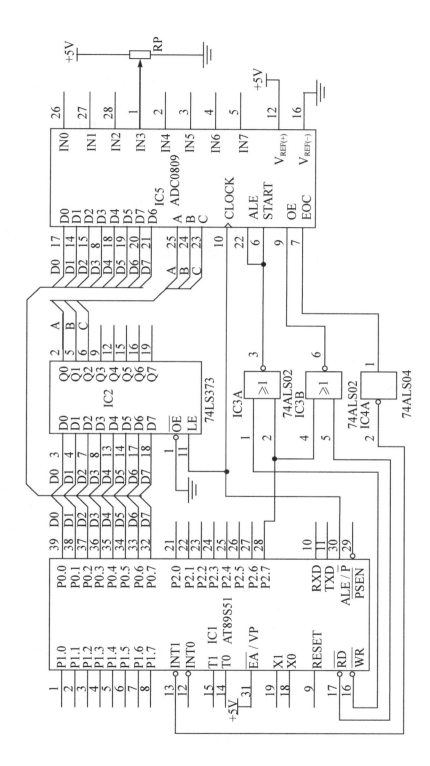

图7-8　ADC0809与MCS-51单片机的常用连接图

2．转换数据的传送

A/D 转换从启动到转换完成需要一定的时间，在此期间，CPU 必须等待转换完成后才能进行数据传送。因此，数据传送的关键问题是如何确认 A/D 转换的完成，通常可采用延时、查询和中断方式，直到 EOC=1。

不管使用哪种方式，一旦确认转换结束，便可以通过指令进行数据传送。所用的指令为 MOVX 读指令，其过程如下：

```
MOV    DPTR, #07FF8H              ；送入通道 0 的地址
MOVX   A, @DPTR                   ；将转换结果送入 A
```

由于 ADC0809 的地址线只有 A、B、C 三根，而 P2 口所提供的地址是不需要锁存的，所以在与 CPU 连接时也可以不使用锁存器，而将 ADC0809 的地址线连接在 P2 口上。ADC0809 与 MCS-51 单片机的简单连接图如图 7-9 所示。其地址请读者自己确定。

四、相关指令

本项目相关指令主要有：MOVX、MUL、SUBB。

1．数据传送指令 MOVX

MOVX 指令用于单片机与外部 RAM 或外设之间进行数据传送的指令，共有 4 种格式：

```
MOVX A,@Ri        ；将以 Ri 中的数为地址的外部 RAM 中的数据送至累加器 A
MOVX a,@DPTR      ；将以 DPRT 中的数为地址的外部 RAM 中的数据送至累加器 A
MOVX @Ri,A        ；将 A 中的数据送到以 Ri 中的数为地址的外部 RAM 中
MOVX @DPTR,A      ；将 A 中的数据送到以 DPTR 中的数为地址的外部 RAM 中
```

说明：

① 对外部 RAM 及外设的访问只能通过累加器 A。

② 对外部 RAM 及外设的访问以 Ri 或 DPTR 作为间接地址传送。

③ MOVX 相当于单片机的 I/O 指令。

例：已知（A）=15H，执行指令：MOV DPTR, #2017H；MOVX @DPTR，A
执行结果：（2017H）=15H

例：已知（R0）=30H，（A）=16H，执行指令：MOV P2, #22H；MOVX @R0，A
执行结果：（2230H）=16H

以 Ri 的内容作为外部 RAM 存储单元地址的低 8 位，由 P0 口送出，高 8 位地址由 P2 口提供。

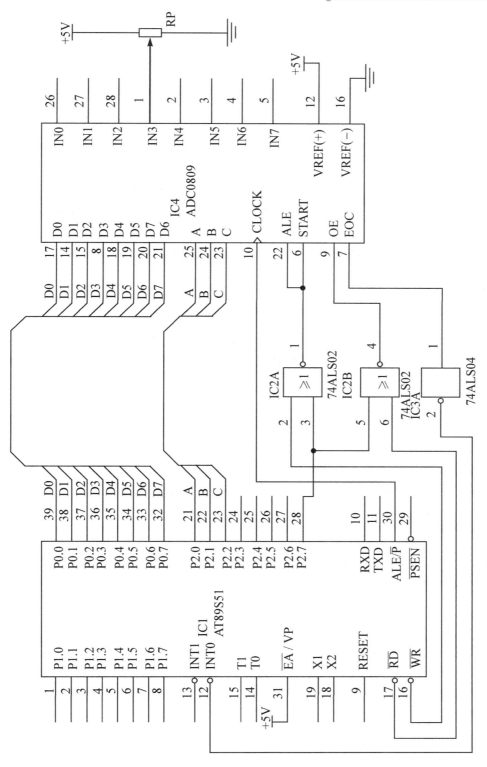

图7-9　ADC0809与MCS-51单片机的简单连接图

2．减法指令 SUBB

MCS-51 单片机指令系统只提供了带借位的减法指令，共有 4 种格式：

```
SUBB A,Rn      ; A ←A-(Rn)-(Cy)
SUBB A,@Ri     ; A ←A-((Ri))-(Cy)
SUBB A,direct  ; A ←A-(direct)-(Cy)
SUBB A,#data   ; A ←A-#data -(Cy)
```

说明：减法指令都是以 A 为被减数，计算结果均存放在 A 中。

例：已知（A）=0E9H，（30H）=87H，执行减法指令前（Cy）=1，执行指令：SUBB A，30H

执行结果及对 PSW 标准位的影响：（A）=61H，Cy=0，AC=0，OV=0，P=1

3．乘法指令 MUL

指令格式：MUL AB；　BA← A×B

说明：这条指令的功能是将累加器 A 与寄存器 B 中的两个 8 位无符号数相乘，乘积的低 8 位送入累加器 A，高 8 位送入寄存器 B 中。执行乘法运算指令会对 PSW 的有关标志位产生影响。

 议一议

（1）请讨论一下单片机三组总线各有什么功能。

（2）请讨论一下外设的编址有何实际意义。

（3）结合 ADC0809 的工作过程，分析一下 A/D 电路接口的构成。

 基本技能

技能实训　制作数字电压表

实训目的

（1）掌握数码显示电路的连接方法。

（2）掌握显示子程序的编写和使用。

（3）掌握延时子程序的编写和使用。

（4）掌握中断子程序的编写和使用。

实训内容

任务要求：利用单片机 AT89S51 与 ADC0809 设计一个数字电压表，能够测量 0~5V 之间的直流电压值，经 A/D 转换后由数码管以十进制数的形式显示。

一、硬件电路制作

硬件电路的方框图如图 7-10 所示。

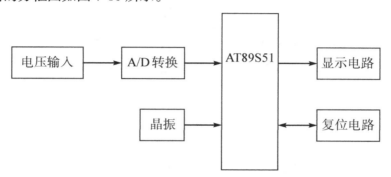

图 7-10　硬件电路的方框图

1. 数码显示电路

数码显示电路：使用三位数码管。为节约硬件投入，采用软件译码、动态扫描方式：P1 口提供段码，P3 口的 P3.0、P3.1、P3.2 作为位控。复位、晶振及显示电路如图 7-11 所示。

2. A/D 转换及其接口电路

A/D 转换及其接口电路如图 7-12 所示，将两输入或非门的两个输入端相连即可构成非门，由于我们只有一路模拟信号输入，所以直接将地址线 A、B、C 接地，就可以选中 ADC0809 的 "0" 通道，电位器的滑动端滑至最上端，对输入的模拟信号无衰减。

3. 元件清单

数字电压表的电路元件清单如表 7-4 所示。

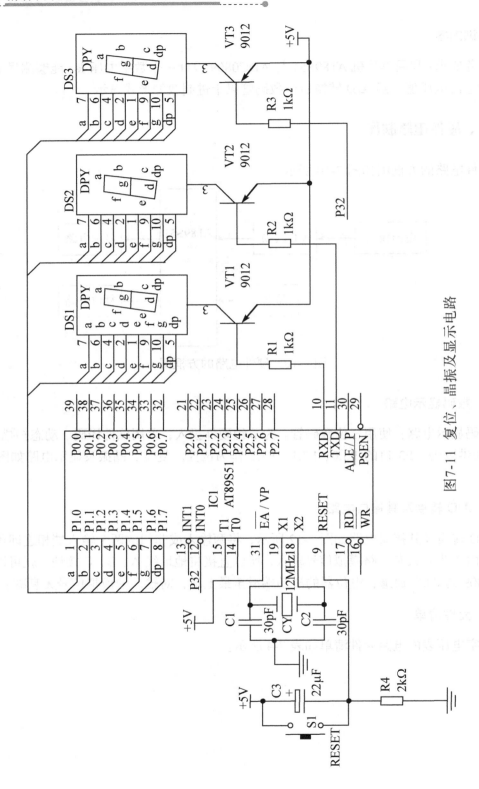

图7-11 复位、晶振及显示电路

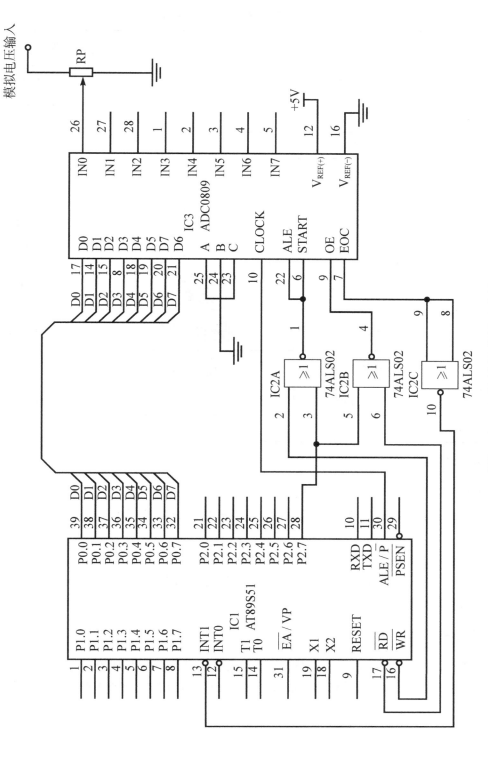

图7-12 A/D转换及其接口电路

表 7-4　数字电压表的电路元件清单

代　　号	名　　称	实　物　图	规　　格
R1～R3	电阻		1kΩ
R4	电阻		2kΩ
C1、C2	瓷介电容		30pF
C3	电解电容		22μF
S1	轻触按键		
CY	晶振		12MHz
IC1	单片机		AT89S51
	IC 插座		40 脚
RP	电位器		10kΩ
IC2	四或非门		74ALS02
IC3	A/D 转换集成电路		ADC0809
VT1～VT3	三极管		9012
DS1～DS3	共阳极数码管		

4. 电路制作步骤

数字电压表电路的制作步骤如下：

① 按照如图 7-9 和图 7-11 所示电路原理图在万能实验板中绘制电路元器件排列布局图；

② 按照排列布局图依次进行元器件的排列、插装；

③ 按照焊接工艺要求对元器件进行焊接，背面用 ϕ0.5mm～ϕ1mm 镀锡裸铜线连接，直到所有的元器件链接并焊完为止。

5. 电路的调试

通电之前先用万用表检查各种电源线与地线之间是否有短路现象。

给硬件系统加电，检查所有插座或器件的电源端是否有符合要求的电压值、接地端电压是否 0V。

二、程序编写

1. 程序流程图

根据系统需要实现的功能，软件要完成的工作是：读取A/D 转换结果，以十进制形式显示电压值。电压显示效果图如图 7-13 所示。

图 7-13　电压显示效果图

软件部分可以分为以下几个模块。

（1）主程序

主程序主要完成中断初始化、允许中断、启动 A/D 转换。主程序流程图如图 7-14 所示。

（2）外部中断 1 服务程序

图 7-9 所示连接图，当 A/D 转换结束后引起外部中断 1 中断。所以其主要任务是读取 A/D 转换的结果，进行电压数据处理之后送显示缓冲区用于显示。电压数据处理程序主要将 A/D 转换后的数字信号转换为十进制形式的电压值，换算公式为 $D \div 256 \times V_{\text{REF}}$。

显示缓冲区使用 41H 单元存放电压的整数值、42H 单元存放小数点后第一位数值、43H 单元存放小数点后第二位数值。因为在显示子程序中和外部中断 1 服务程序中都要使用累加器 A 和数据指针 DPTR，所以必须对这两个寄存器进行保护，即所谓的现场保护。外部中断 1 服务程序流程图如图 7-15 所示。

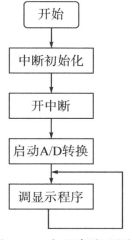

图 7-14　主程序流程图

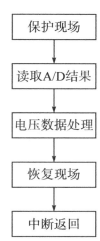

图 7-15　外部中断 1 服务程序流程图

（3）显示子程序

显示子程序采用软件译码、动态扫描方式，将 A/D 转换结果显示在三位数码管上。显示子程序流程图如图 7-16 所示。

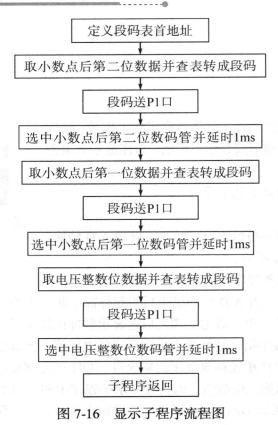

图 7-16 显示子程序流程图

2. 显示字形码

根据如图 7-11 所示的电路，求得共阳型八段数码管字形编码表如表 7-5 所示。

表 7-5 共阳型八段数码管字形编码表

显示字符	字形	共 阳 极								字 形 码
		dp	g	f	e	d	c	b	a	
0		1	1	0	0	0	0	0	0	C0H
1		1	1	1	1	1	0	0	1	F9H
2		1	0	1	0	0	1	0	0	A4H
3		1	0	1	1	0	0	0	0	B0H
4		1	0	0	1	1	0	0	1	99H
5		1	0	0	1	0	0	1	0	92H
6		1	0	0	0	0	0	1	0	82H
7		1	1	1	1	1	0	0	0	F8H

续表

显示字符	字形	共 阳 极								字 形 码
		dp	g	f	e	d	c	b	a	
8	8	1	0	0	0	0	0	0	0	80H
9	9	1	0	0	1	0	0	0	0	90H
熄灭	—	1	1	1	1	1	1	1	1	FFH
—	—	1	0	1	1	1	1	1	1	BFH

3. 参考程序

运行程序前必须先将电位器 RP 滑至最上端，使输入的电压模拟信号无衰减。

```
        ORG 0000H
        LJMP MAIN
        ORG 0013H              ;外部中断 1 入口地址
        LJMP INT1              ;转移到外部中断 1 的服务程序 INT1
        ORG 2000H
MAIN:   MOV SP, #70H           ;初始化堆栈指针
        SETB IT1               ;设定中断方式为下降沿触发
        SETB EX1               ;开外部中断 1
        SETB EA                ;开总中断
        MOV DPTR,#7FF8H        ;ADC0809 的地址
        MOVX @DPTR,A           ;启动 A/D 转换
LOOP:   LCALL DISP             ;调显示子程序
        LJMP LOOP
;-----------------------外部中断 1 服务程序
INT1:   PUSH A                 ;保护现场，寄存器 A 和 DPTR 需要保护
        PUSH DPL
        PUSH DPH
        MOV DPTR,#7FF8H        ;ADC0809 的地址
        MOVX A,@DPTR           ;读取 A/D 转换结果
        MOV B, #5
        MUL AB                 ;乘以参考电压 5
        MOV 41H, B             ;B 中所存为电压整数部分
        MOV B, #100
        MUL AB                 ;乘以 100
        MOV A, B               ;右移八位相当于除以 256
        MOV B, #10
        DIV AB
```

```
            MOV 42H, A                      ;小数点后第一位存入42H
            MOV 43H, B                      ;小数点后第二位存入43H
            MOVX @DPTR,A                     ;再次启动A/D转换
            POP DPH                         ;恢复现场
            POP DPL
            POP A
            RETI
;----------------------显示子程序
DISP:       SETB P3.0                       ;熄灭三位数码管
            SETB P3.1
            SETB P3.2
            MOV DPTR,#SEGTAB                 ;字形表首地址送DPTR
            CLR P3.2                        ;选中低位数码管
            MOV A,43H                       ;取小数点后第二位数
            MOVC A,@A+DPTR                   ;查小数点后第二位字形码
            MOV P1,A                        ;小数点后第二位字形码送P1口
            LCALL DELAY                     ;延时
            SETB P3.2                       ;熄灭小数点后第二位数码管
            CLR P3.1
            MOV A,42H
            MOVC A,@A+DPTR
            MOV P1,A
            LCALL DELAY
            SETB P3.1
            MOV DPTR, #SEGTAB2               ;带小数点的段码表
            CLR P3.0
            MOV A,41H
            MOVC A,@A+DPTR                   ;查字形表
            MOV P1,A
            LCALL DELAY
            SETB P3.0
            RET
;----------------------延时子程序
DELAY:      MOV R0,#0FFH
            DJNZ R0,$
            RET
;----------------------数码管字形表
SEGTAB:DB C0H,F9H,A4H,B0H,99H,92H                   ;0,1,2,3,4,5
       DB 82H,F8H,80H,90H,FFH,BFH                   ;6,7,8,9, ,-
```

```
SEGTAB2:  DB  40H,79H,24H,30H,19H           ;0.,1.,2.,3.,4.
          DB  12H,02H,78H,00H,10H           ;5.,6.,7.,8.,9.
```

 项目评价

	项目检测	分值	评分标准	学生自评	教师评估	项目总评
任务知识内容	① 简述 MCS-51 单片机系统的三组总线结构	5				
	② 画出 MCS-51 单片机系统扩展示意图	10				
	③ 简述 ADC0809 的结构和各引脚功能	10				
	④ 画出 ADC0809 与 MCS-51 单片机两种常用的连接图	10				
	⑤ 数字电压表电路的制作（含程序）	20				
	⑥ 程序调试和烧写	15				
安全操作	① 正确开、关计算机	5				
	② 工具、仪器仪表的使用及放置	5				
现场管理	① 出勤情况	5				
	② 实验室纪律	5				
	③ 实验台的整理和卫生保持	5				
	④ 团队协作精神	5				

 项目小结

（1）A/D 转换电路能够将现场接收的各种模拟信号转换为单片机能够处理的数字信号，它是单片机应用系统中的重要部件。

（2）如何选用合适的 A/D 转换芯片，需要了解衡量 A/D 转换器转换质量的性能指标。

（3）本项目重点介绍了 ADC0809 的内部结构、引脚功能、工作过程及 ADC0809 的接口电路，熟练掌握 ADC0809 的知识是电路设计与程序编写的关键。

（4）由于单片机的内部 ROM、RAM 的容量及 I/O 接口的数量等资源有限，在实际应用场合，不能满足用户的要求，必须在片外做相应的扩展。因而需要了解单片机的系统总线及总线结构。

（5）在现场处理过程中，模数转换是常见且必须掌握的技能，通过学习数字电压表的制作，对于清晰控制思路，熟练掌握相应程序的编写将很有帮助。

 思考与练习

1. 什么是模数转换？在单片机应用控制系统中，模数转换是如何运用的？

2. ADC0809 的参考电压在转换中的作用是什么？

3. 试述 A/D 转换器的种类及转换原理。

4. 量化模拟输入电压范围 0～3V，编码位数为 5 位。试求：

（1）最小量化单位是多少？

（2）当 V=1.25V 时，二进制编码是多少？

（3）如果二进制编码是 11 100，那么对应的电压范围是多少？

5. 对应单极性输入的 A/D 转换器，如何实现双极性输入？

6. 关于小数点的显示，在本项目的程序设计中采用了带小数点的段码表，请思考是否还有其他方法来显示小数点？

制作单片机与 PC 串行口收发电路

在单片机系统中，经常需要将单片机的数据交给 PC 来处理，或者将 PC 的一些数据交给单片机来执行，这就需要单片机和 PC 之间进行通信。下面我们就来制作简单的单片机与 PC 的收发电路。

 知识目标

1. 了解 MCS-51 单片机串行口。
2. 了解 MCS-51 单片机的工作方式。
3. 掌握 RS-232 电平转换电路。

 技能目标

1. 学会单片机与 PC 收发电路的制作。
2. 掌握 MCS-51 单片机串行口收发程序的编写要点。

任务一　认识 MCS-51 单片机串行口

了解 MCS-51 单片机串行口的结构及其工作方式，初步掌握串行口的应用。

 基础知识

一、MCS-51 单片机串行口的结构

MCS-51 单片机内部有一个可编程的全双工串行通信电路，如图 8-1 所示，通过发送信号线 TXD（P3.1）和接收信号线 RXD（P3.0）完成单片机与外部设备的串行通信。

通信的编程关键是对相关寄存器进行合理设置。在串行口的应用中经常用到的寄存器有以下几个。

1. 数据缓冲寄存器 SBUF

在 MCS-51 单片机中，串行数据接收缓冲器和串行数据发送缓冲器使用了同一字节地址 99H，且用同一特殊功能寄存器名 SBUF，但它们确实是两个不同的寄存器。由于串行数据接收缓冲器只能读，不能写，因此读 SBUF 寄存器时，操作对象是串行数据接收缓冲器。而串行数据发送缓冲器正好相反，即只能写入，不能读出，因此写 SBUF 寄存器时，操作对象是串行数据发送缓冲器。

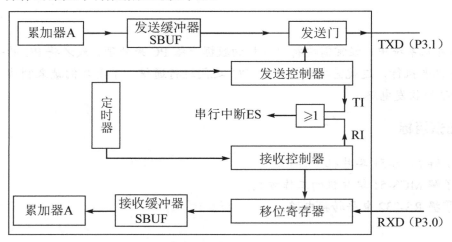

图 8-1   MCS-51 单片机串行口的结构

当需要发送一个数据时，只要把数据写入 SBUF 寄存器即可；接收数据时，直接从 SBUF 寄存器读出即可，具体指令如下：

```
MOV SBUF,A          ;把 A 中的数送入 SBUF 即可发送出去
MOV A,SBUF          ;把接收到的数从 SBUF 中取出，送入 A
```

2. 串行口控制寄存器 SCON

串行口控制寄存器 SCON 各位的含义和功能如表 8-1 所示。

表 8-1   串行口控制寄存器 SCON 各位的含义和功能

SCON 位	D7	D6	D5	D4	D3	D2	D1	D0
位名称	SM0	SM1	SM2	REN	TB8	RB8	TI	RI
功能	选择工作方式		多机通信控制位	串行接收允许位	待发送的第9位数据	接收到的第9位数据	发送中断标志位	接收中断标志位

SM0 位与 SM1 位一起，作为串行口工作方式选择位，串行口工作说明如表 8-2 所示。

表8-2 串行口工作说明

SM0 SM1	工 作 方 式	说 明	波 特 率
0 0	方式 0	8 位同步移位寄存器	$f_{osc}/12$
0 1	方式 1	波特率可变的 8 位异步串行通信方式	可变
1 0	方式 2	波特率固定的 9 位异步串行通信方式	$f_{osc}/64$ 或 $f_{osc}/32$
1 1	方式 3	波特率可变的 9 位异步串行通信方式	可变

注：f_{osc} 为系统振荡频率。

REN 是串行接收控制位。当 REN 为 1 时，允许串行口接收数据；反之，当 REN 为 0 时，禁止串行口接收数据。因此，可通过软件使 REN 置 1 或清 0，允许或禁止串行口接收数据。

TB8 是发送数据的第 9 位。在方式 2、方式 3 中，需要发送 9 位数据，待发送的低 8 位数据（b7 ~ b0）存放在发送数据缓冲器 SBUF 中，第 9 位（b8）数据就是 SCON 寄存器的 TB8 位。在"一对一"通信系统中，TB8 可以是实际意义上的数据，也可以作为发送数据的奇偶标志位。而在多机通信中，TB8 作为地址/数据帧标志位。

RB8 是接收数据的第 9 位。在方式 2、方式 3 中，需要接收 9 位数据，接收的低 8 位数据（b7 ~ b0）存放在接收数据缓冲器 SBUF 中，第 9 位（b8）数据就存放在 SCON 寄存器的 RB8 中。同样，RB8 可能是实际意义上的数据，也可能是发送数据的奇偶标志位。

TI 是发送结束中断标志。在完成了串行口初始化后，将待发送数据写入发送缓冲器后，如果 TI 位为 0，则立即启动串行发送操作过程：自动在数据位前插入起始位，在数据位后插入停止位，并按指定波特率依次将起始位、数据位（由低位到高位）、停止位输出到发送引脚 TXD 上，当发送完最后一位数据位（在 8 位方式中，最后一位数据是 SBUF 中的 b7 位；在 9 位方式中，最后一位数据是 SCON 寄存器的 TB8 位）时（开始发送停止位）TI 自动置 1，表明当前数据帧已发送完毕。

RI 是接收有效中断标志。当接收到一帧有效数据后，RI 自动置 1，表明 CPU 可以读取存放在接收缓冲器 SBUF 中的数据。

可以通过软件查询 TI 或 RI，也可以通过中断方式判断发送、接收过程是否已完成。如果串行口中断允许 ES 为 1，则当 TI 或 RI 有效时，均会产生串行中断请求。因此，在串行中断服务程序中，需要查询 TI 和 RI，以确定串行中断请求是由发送引起的还是由接收引起的。此外，TI、RI 不会自动清除，在中断返回前需要用软件清除 TI、RI 中断标志。

SM2 是多机通信控制位。在方式 0 中，SM2 位必须为 0；在方式 2、方式 3 中，当

SM2 位为 1 时，具有选择接收功能，即接收到的第 9 位数据（RB8）为 1 时，接收中断 RI 才有效，这样通过控制 SM2 位，即可实现多机通信。

3．波特率选择

方式 1、方式 3 波特率与定时器 T1 溢出率、SMOD1 位关系如下：

$$波特率 = \frac{定时器T1的溢出率}{32} \times 2^{SMOD1}$$

当把定时器 T1 溢出率作为波特率发生器（16 分频器）的输入信号时，为了避免重装初值造成的定时误差，定时器 T1 最好工作在可自动重装初值的方式 2，并禁止定时器 T1 中断。

而 T1 溢出率的倒数就等于定时时间 t，因此定时 T1 重装初值 C 与波特率之间的关系为：

$$C = 2^8 - \frac{2^{SMOD1}}{384 \times 波特率} \times f_{osc} \qquad （T1 定时器工作在 12 分频状态）$$

$$C = 2^8 - \frac{2^{SMOD1}}{192 \times 波特率} \times f_{osc} \qquad （T1 定时器工作在 6 分频状态）$$

如果觉得定时器 T1 重装初值与波特率的计算比较麻烦，我们可以从网上下载一个定时器初值、波特率计算工具，计算就变得非常简单了，如图 8-2 所示。

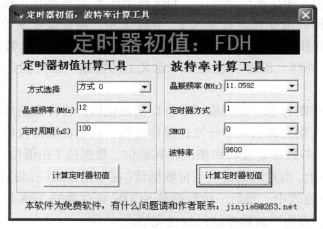

图 8-2　定时器初值、波特率计算工具

二、MCS-51 单片机串行口的工作方式及应用

1．方式 0

串行口工作于方式 0 时，串行口本身相当于"并入串出"（发送状态）或"串入并出"（接收状态）的移位寄存器。8 位串行数据 B0～B7（低位在前）依次从 RDX（P3.0）引

脚输出或输入，移位脉冲信号来自 TXD（P3.1）引脚，输出/输入移位脉冲频率固定为系统时钟频率 f_{osc} 的 12 分频，不可改变。

当一个数据写入串行口发送缓冲器 SBUF 时，串行口将 8 位数据以 $f_{osc}/12$ 的波特率从 RXD 引脚输出，发送完置中断标志 TI 为 1，请求中断。在再次发送数据前，必须由指令"CLR TI"清 TI 为 0。

当满足 REN=1 和 RI=0 的条件下，串行口即开始从 RXD 引脚以 $f_{osc}/12$ 的波特率输入数据，当接收完 8 位数据后，置中断标志 RI 为 1，请求中断。在再次接收数据前，必须由指令"CLR RI"清 RI 为 0。

2. 方式 1

串行口工作在方式 1 时为波特率可变的 8 位异步通信接口。数据由 RXD（P3.0）引脚接收，TXD（P3.1）引脚发送。发送或接收一帧信息包括 1 位起始位（固定为 0）、8 位串行数据（低位在前，高位在后）和 1 位停止位（固定为 1）共 10 位，一帧数据格式如下所示。波特率与定时器 T1（或 T2）溢出率、SMOD1 位有关（可变）。

方式 1 的发送过程如下：

在 TI 为 0 的情况下（表示串行口发送控制电路处于空闲状态），任何写串行数据输出缓冲器 SBUF 指令（如 MOV SBUF, A）均会触发串行发送过程。当 8 位数据发送结束后（开始发送停止位）时，串行口自动将发送结束标志 TI 置 1，表示发送缓冲区内容已发送完毕。这样执行了写 SBUF 寄存器操作后，可通过查询 TI 标志来确定发送过程是否已完成。当然，在中断处于开放状态下，TI 有效时，将产生串行中断请求。

方式 1 的接收过程如下：

在接收中断标志 RI 为 0（串行数据输入缓冲器 SBUF 处于空闲状态）的情况下，当 REN 位为 1 时，串行口即处于接收状态。在接收状态下，串行口便按数据检测脉冲速率不断检测 RXD 引脚的电平状态，当发现 RXD 引脚由高电平变为低电平后，表明发送端开始发送起始位（0），启动接收过程。当接收完一帧信息（接收到停止位）后，如果 RI 位为 0，便将"接收移位寄存器"中的内容装入串行数据输入缓冲寄存器 SBUF 中，停止位装入 SCON 寄存器的 RB8 位中，并将串行接收中断标志 RI 置 1。这样通过查询 RI 标志即可确定接收过程是否已完成。当然，在中断处于开放状态下，RI 有效时，也产生串行中断请求。不过值得注意的是，CPU 响应串行中断后，不会自动清除 RI，需要用"CLR RI"指令清除 RI，以便接收下一帧信息。

3. 方式 2 和方式 3

方式 2 和方式 3 都是 9 位异步串行通信口，唯一区别是方式 2 的波特率固定为时钟频率的 32 分频或 64 分频，不可调，因此不常用。而方式 3 的波特率与 T1（或 T2）定时器的溢出率、电源控制寄存器 PCON 的 SMOD1 位有关，可调。选择不同的初值或晶振频率，即可获得常用的波特率，因此方式 3 较常用。下面以方式 3 为例，介绍串行口

9 位异步通信过程。

由于在方式 3 中，需要发送 9 位串行数据，低 8 位存放在 SBUF 寄存器中，而第 9 位（B8）存放在 SCON 寄存器的 TB8 位，因此发送前，必须先通过位传送指令将 B8（第 9 位数据）写入 SCON 寄存器的 TB8 位，然后才能执行写串行数据，并发送至缓冲寄存器 SBUF，启动发送过程。

在方式 3 中，当 REN 位为 1 时，也会使串行口进入接收状态。接收的信息也从 RXD 引脚输入，接收到的低 8 位数据存放在移位寄存器中，第 9 位（B8）存放在 SCON 寄存器的 RB8 中。在方式 3 下，启动接收过程后，如果 RI 为 0、SM2 位为 0（或接收到的第 9 位数据为 1），则接收到第 9 位（B8）数据后，串行口便将存放在移位寄存器中的 8 位数据装入串行接收数据缓冲寄存器 SBUF 中，并自动将串行接收中断标志 RI 置 1。如果不满足 RI 为 0、SM2 位为 0（或接收到的第 9 位数据为 1，即 RB8 位为 1）条件，本次接收信息无效，接收到第 9 位数据后，不将"移位寄存器"内容装入 SBUF 特殊功能寄存器，RI 也不会置 1。

下面的发送中断服务程序，以 TB8 作为奇偶校验位，处理方法为数据写入 SBUF 之前，先将数据的奇偶校验位写入 TB8。CPU 执行 1 条写 SBUF 的指令后，便立即启动发送器发送，送完一帧信息后，TI 被置 1，再次向 CPU 申请中断。因此在进入中断服务程序后，在发送下一帧信息之前，必须将 TI 清 0。

```
PIPL:PUSH    PSW          ;保护现场
     PUSH    A
     CLR     TI           ;清 0 发送中断标志
     MOV     A,@R0        ;取数据
     MOV     C,P          ;奇偶位送 C
     MOV     TB8,C        ;奇偶位送 TB8
     MOV     SBUF,A       ;数据写入发送缓冲器，启动发送
     INC     R0           ;数据指针加 1
     POP     A            ;恢复现场
     POP     PSW
     RETI                 ;中断返回
```

在方式 2 接收时，若附加的第 9 位数据为奇偶校验位，在接收中断服务程序中应做检验处理，实现程序如下：

```
PIPL:PUSH PSW             ;保护现场
     PUSH A
     CLR RI               ;清 0 接收中断标志
     MOV A,SBUF           ;接收数据
     MOV C,P              ;取奇偶校验位
     JNC L1               ;偶校验时转 L1
```

```
            JNB RB8,ERR          ;奇校验时 RB8 为 0 转出错处理
            SJMP L2
    L1:     JB RB8,ERR           ;偶校验时 RB8 为 1 转出错处理
    L2:     MOV @R0,A            ;奇偶校验对时存入数据
            INC R0               ;修改指针
            POP A                ;恢复现场
            POP PSW
            RETI                 ;中断返回
    ERR:                         ;出错处理
            …
            RETI                 ;中断返回
```

 议一议

什么是并行通信和串行通信？它们各有什么优缺点？

任务二　制作单片机与 PC 串行口收发电路

单片机通过串行接口电路和 PC 进行相互通信，单片机将 P0 口的电平开关状态发送给 PC，由 PC 显示其对应的十六进制数；PC 将 00H～FFH 中的某一个数发送给单片机，由单片机 P1 所接收的 8 个发光二极管以二进制数形式显示其数值。

 基础知识

一、RS-232 电平转换电路

当单片机与单片机通信时，由于是 TTL 电平之间的通信，只要将通信双方的 TXD 和 RXD 交叉相连，同时将双方的地线连上，在程序的控制下，可以实现相互通信。

当单片机与 PC 通信时，常常采用 PC 的 RS-232 的接口。RS-232 标准规定发送数据线 TXD 和接收数据线 RXD 均采用 EIA 电平，即传送数字"1"时，传输线上的电平在 $-15～-3V$ 之间；传送数字"0"时，传输线上的电平在 $+3～+15V$ 之间。因此不能直接与 PC 串行口相连，必须经过电平转换电路进行逻辑转换。

RS-232C 与 TTL 之间常用的电平转换芯片是 MAX232，MAX232 引脚图如图 8-3 所示。MAX232 内部有两套独立的电平转换电路，7、8、9、10 为一路，11、12、13、14 为一路。

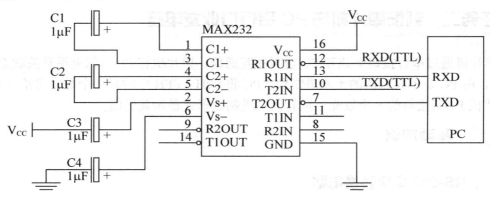

图 8-3　MAX232 引脚图

二、单片机与 PC 的接口电路

MAX232 内置了电压倍增电路及负电源电路，使用单+5V 电源工作，只需外接 4 个容量为 0.1～1μF 的小电容即可完成两路 RS-232 与 TTL 电平之间转换。MAX232 典型应用电路如图 8-4 所示。

图 8-4　MAX232 典型应用电路

 议一议

什么是 TTL 电平？什么是 EIA 电平？两者之间有什么异同点？单片机与 PC 进行通信时为什么要进行电平转换？

 基本技能

技能实训　制作单片机与 PC 串行口收发电路

实训目的

（1）掌握电平转换芯片 MAX232 的功能和使用。

（2）会设计制作单片机与 PC 串行口收发电路。

（3）会编写单片机与 PC 串行口的收发程序。

实训内容

硬件电路主要由两大部分组成。一部分是以单片机以核心的电平开关电路、二极管电平显示电路及发送按键电路；另一部分是以 MAX232 为核心的电平转换电路。单片机与 PC 收发电路框图如图 8-5 所示。

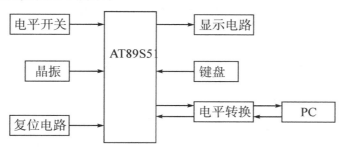

图 8-5　单片机与 PC 收发电路框图

一、硬件电路制作

1. 电平开关、电平显示及按键电路

电平开关、电平显示及按键电路如图 8-6 所示。

2. 电平转换电路

电平转换电路如图 8-7 所示。电平转换电路的 RXD、TXD 分别接单片机的 P3.0、P3.1，九针串行线接 PC 的 RS-232 接口。

二、程序编写

根据系统要实现的功能，软件主要完成的任务是：以中断的方式接收 PC 发送的数据，并送到 P1 口显示；当发送按键按下时，将 P0 口的电平状态发送给 PC。

软件部分可以分为以下几个模块。

① 初始化程序：主要完成中断设置、通信方式设置、波特率设置等。

② 主程序：主要完成检测按键是否按下、等待中断请求等。

③ 中断服务程序：中断保护、清除标志位、从 SBUF 中读取数据并进行存放或其他处理。

由于收发的为 8 位十六进制数，故可采用串行口工作方式 1。

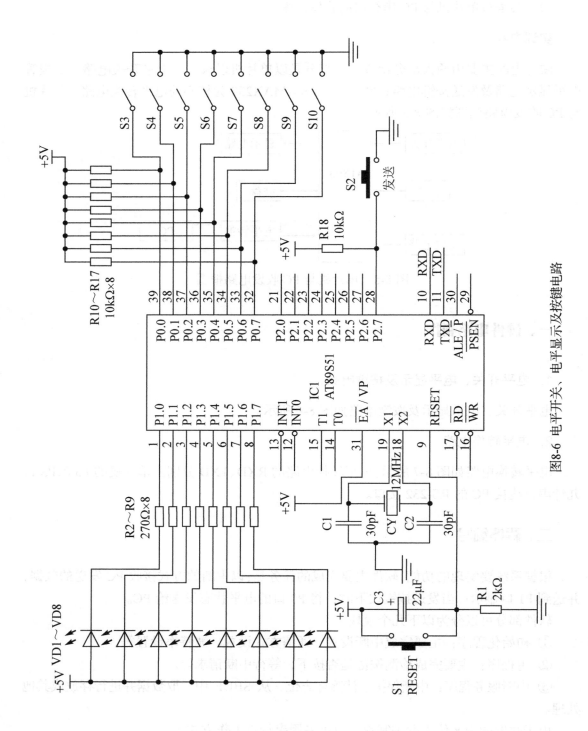

图8-6　电平开关、电平显示及按键电路

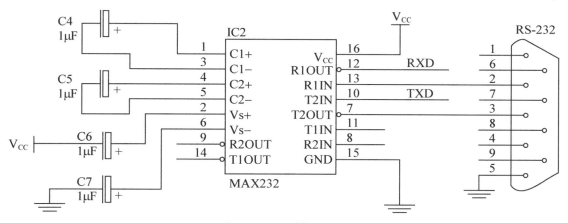

图 8-7　电平转换电路

　　双工通信要求收、发同时进行。实际上收、发操作主要是在串行口中进行，CPU 只是把数据从接收缓冲器读出和把数据写入发送缓冲器。数据接收用中断方式进行。数据发送通过人工按下按键进行。但由于 MCS-51 单片机串行中断请求 TI 或 RI 合为一个中断源，响应中断以后，通过检测是否是 RI 置位引起的中断来决定是否接收数据。发送数据通过调用子程序来完成。

　　定时器 T1 采用工作方式 2，可以避免计数溢出后用软件重装定时初值。

　　定时器 T1 初值计算如图 8-8 所示，定时器初值为 0FEH。

图 8-8　定时器 T1 初值计算

SCON 取值：50H

TMOD 取值：20H

　　可从网上下载一个串行口调试工具作为 PC 的收发软件。PC 运行串行口调试工具，单片机收发电路运行收发程序，可方便地观察单片机与 PC 的通信。串行口调试助手界面如图 8-9 所示。

图 8-9　串行口调试助手界面

参考程序:

```
                ORG 0000H
                LJMP START
                ORG 0023H
                LJMP SIN
    START:      MOV TMOD,#20H        ;定时器 T1 设为方式 2
                MOV TL1,#0FEH        ;装入定时器初值
                MOV TH1,#0FEH        ;8 位重装值
                SETB TR1             ;启动定时器 T1
                MOV SCON,#50H        ;串行口设为方式 1
                SETB EA              ;开总中断
                SETB ES              ;开串行中断
    MAIN:       SETB P2.7            ;P2.7 设为输入

                JB P2.7,MAIN
                LCALL DELAY          ;延时去抖

                JB P2.7,MAIN
                LCALL SOUT           ;调用发送子程序
    NEXT:       JNB P2.7,NEXT        ;等待按键释放

                LCALL DELAY
                JNB P2.7,NEXT
                LJMP MAIN
                                     ;串行中断服务程序
    SIN:        JNB RI,FANHUI        ;判断是否为接收引起的中断
```

```
            MOV A,SBUF          ;从接收缓冲器读入数据
            MOV P1,A            ;送 P1 口显示
            FANHUI: CLR RI
            CLR TI
            RETI
                                ;发送子程序
    SOUT:   MOV P0,#0FFH        ;P0 口设为输入口
            MOV A,P0            ;P0 口状态送累加器 A
            MOV SBUF,A          ;把数据写入发送缓冲器
            RET
                                ;延时 10ms 子程序
    DELAY:  MOV R6,#64H
    D1:     MOV R5,#0EH
            NOP
    D2:     NOP
            NOP
            DJNZ R5,D2
            DJNZ R6,D1
            RET
            END
```

👁 **知识拓展**

一、纠错技术

串行数据在传输过程中，由于干扰可能引起信息出错，例如，传输字符 E，其各位为：

$$01000101=45H$$

由于干扰，可能使位变为 1，这种情况称为出现了误码。我们把如何发现传输中的错误，叫做检错；把发现错误后，如何消除错误，叫做纠错。

纠错的方法很多，在光盘技术中可以将由于光盘损伤造成的大面积错误进行检出并加以消除。

最简单的纠错方法是奇偶校验，即在传送字符的各位之外，再传送 1 位奇/偶校验位，可采取奇校验或偶校验。

（1）奇校验：所有传送的数位（含字符的各数和校验位）中，1 的个数为奇数。

例：1 10101010

　　0 01010100

（2）偶校验：所有传送的数位（含字符的各数和校验位）中，1 的个数为偶数。

例：1 10101010

0 01010100

需要说明的是，奇偶校验的纠错能力有限，对于要求较高的场合，需要采取复杂的算法，感兴趣的读者可以参看有关书籍。

二、RS-232 串行接口标准

目前 RS-232 是 PC 与通信工业中应用最广泛的一种串行接口。RS-232 被定义为一种在低速率串行通信中增加通信距离的单端标准。

RS-232 采取不平衡传输方式，即所谓单端通信。收、发端的数据信号是相对于信号地的。9 针串行口引脚和 25 针串行口引脚定义如表 8-3 所示。

表 8-3　9 针串行口引脚和 25 针串行口引脚定义

9 针串行口（DB9）			25 针串行口（DB25）		
针　号	功 能 说 明	缩　写	针　号	功 能 说 明	缩　写
1	数据载波检测	DCD	8	数据载波检测	DCD
2	接收数据	RXD	3	接收数据	RXD
3	发送数据	TXD	2	发送数据	TXD
4	数据终端准备	DTR	20	数据终端准备	DTR
5	信号地	GND	7	信号地	GND
6	数据设备准备好	DSR	6	数据设备准备好	DSR
7	请求发送	RTS	4	请求发送	RTS
8	清除发送	CTS	5	清除发送	CTS
9	振铃指示	DELL	22	振铃指示	DELL

典型的 RS-232 信号在正负电平之间摆动，在发送数据时，发送端驱动器输出正电平在 5～15V，负电平在–5～–15V。当无数据传输时，线上为 TTL，从开始传送数据到结束，线上电平从 TTL 电平到 RS-232 电平再返回 TTL 电平。接收器典型的工作电平是 3～12V 和–3～–12V。由于发送电平与接收电平的差仅为 2～3V，所以其共模抑制能力差，再加上双绞线上的分布电容，其传送距离最大约为 15m，最高速率为 20Kbps。

RS-232 是为只用一对收发设备通信而设计的，其驱动负载为 3～7kΩ。所以 RS-232 适合本地设备之间的通信。

RS-232 是用正负电压来表示逻辑状态，与 TTL 以高低电平表示逻辑状态的规定不同。因此，为了能够与计算机接口或终端的 TTL 器件连接，必须在 RS-232 与 TTL 电路之间进行电平和逻辑关系的变换。实现这种变换的方法可用分立元件，也可用集成电路芯片。目前较为广泛地使用集成电路转换器件，如 MC1488、SN75150 芯片可完成 TTL 电平到 EIA 电平的转换，而 MC1489、SN75154 可实现 EIA 电平到 TTL 电平的转换。MAX232 芯片可完成 TTL 到 EIA 双向电平转换。

 项目评价

项目检测		分　值	评分标准	学生自评	教师评估	项目总评
任务知识内容	简述 MCS-51 单片机串行口的结构	15	能正确叙述			
	绘制 MAX232 电平转换电路	15	能正确绘制			
	单片机与 PC 收发电路的制作	20	会设计制作			
	编写相应程序	30	能编写相应程序			
	安全操作	10	工具、仪表安全使用			
	现场管理	10	出勤情况、现场纪律、协作精神			

 项目小结

（1）MCS-51 单片机内部有一个可编程的全双工串行通信电路，通过发送信号线 TXD（P3.1）和接收信号线 RXD（P3.0）完成单片机与外部设备的串行通信。在串行口的应用中经常用到 SBUF、SCON 等寄存器，串行数据接收缓冲器和串行数据发送缓冲器是两个寄存器同为 SBUF 的两个独立寄存器，当需要发送一个数据时，只要把数据写入 SBUF 寄存器即可；接收数据时，直接从 SBUF 寄存器读出即可。

（2）当单片机与 PC 通信时，常常采用 PC 的 RS-232 接口，RS-232 标准规定发送数据线 TXD 和接收数据线 RXD 均采用 EIA 电平，即传送数字"1"时，传输线上的电平在$-3 \sim -15\text{V}$之间；传送数字"0"时，传输线上的电平在$+3 \sim +15\text{V}$之间。因此不能直接与 PC 串行口相连，必须经过电平转换电路进行逻辑转换。使用中常用可完成 TTL 到 EIA 双向电平转换的转换芯片 MAX232。

思考与练习

1. 数据通信有哪两种基本方式？各有何优缺点？
2. 串行通信有哪两种基本方式？各有何优缺点？
3. 简述 TTL 电平和 EIA 电平的特点。

MCS–51 单片机指令系统

一、相关符号约定

　　MCS-51 系列单片机共有 111 条。按功能可将这些指令分成数据传送类指令（29 条）、算术运算类指令（24 条）、逻辑运算类指令（24 条）、控制转移类指令（17 条）、位操作类指令（17 条）五大类。

　　在介绍 MCS-51 单片机指令系统时，为叙述方便，约定一些符号的含义如下。

　　（1）Rn（n=0 ~ 7）：表示工作寄存器组 R7 ~ R0 中的某一寄存器。

　　（2）@Ri（i=0 ~ 1）：以寄存器 R0 或 R1 作为间接地址，表示以 R0 或 R1 中的数作为地址，该地址中的数据。比如 R0 中的数为 30H，30H 单元中的数为 06H，则@R0 指的是 30H 单元中的数 06H。

　　（3）@DPTR：以数据指针 DPTR（16 位）作为间接地址，含义同@Ri，但由于 DPRT 是 16 位寄存器，@DPTR 一般指向片外 RAM，用于单片机内部和外部之间的数据传送。

　　（4）#data：为 8 位立即数。

　　（5）#data16：为 16 位立即数。

　　（6）direct：8 位直接地址，一般是内部 RAM 的 00 ~ 7FH 单元字节地址。

　　（7）bit：位地址。

　　（8）rel：8 位偏移地址。

　　（9）addr11：11 位目标地址。

　　（10）addr16：16 位目标地址，用于 LCALL 和 LJMP 指令中，转移范围为 64KB。

　　（11）/bit：位取反。

　　（12）（X）：表示 X 中的内容。

　　（13）（（X））：表示（X）作为地址，该地址中的内容。

　　（14）←：表示将箭头一方的内容，送入箭头另一方的单元中，箭头的方向代表传送的方向。

二、MCS-51 单片机指令系统分类介绍

1. 数据传送类指令（29 条）

数据传送是计算机系统中最常见、最基本的操作。其任务是实现系统内不同存储单元之间的数据传送。

通用格式：MOV<目的操作数>，<源操作数>

数据是由源操作数传向目的操作数，需要指出的是这里的传送实际上是复制，也就是将源操作数复制一份送入目的操作数中，而源操作数不变。

数据传送指令一般不影响程序状态字寄存器 PSW 中的标志位，只有当数据传送到累加器 A 时，PSW 中的奇偶标志位 P 才会改变。原因是奇偶标志位 P 总是体现累加器 A 中"1"的个数的奇偶性。

在 MCS-51 指令系统中，数据传送指令又包括以下几种情况：

（1）内部数据存储器 RAM 之间数据传送指令

内部数据存储器 RAM 之间数据传送的指令最多，共有 16 条，指令操作码助记符为 MOV。内部数据存储器 RAM 之间的数据传送关系图如图 A1 所示。

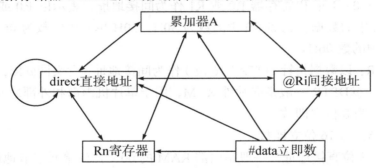

图 A1　内部数据存储器 RAM 之间的数据传送关系图

由图 A1 可以看出，累加器 A 可以接受所有来源的数据，立即数只能作为源操作数，直接地址和直接地址之间可以互相传送数据，如 MOV 30H，40H，@Ri 间接地址之间不能互相传送数据，如 MOV @R2，@R2 是非法指令，Rn 寄存器之间不能互相传送数据，如 MOV R1，R2 是非法指令，另外@Ri 间接地址和 Rn 寄存器之间也不能互相传送数据，如 MOV @R0，R2 和 MOV R2，@R0 都是非法指令。内部数据存储器 RAM 之间数据传送指令的格式及功能如表 A1 所示。

表 A1　内部数据存储器 RAM 之间数据传送指令的格式及功能

序号	指 令 名 称	指 令 格 式	功　　能	指 令 举 例
1	以累加器 A 为目的操作数的数据传送指令	MOV A,Rn	A←Rn	MOV A,R6
2		MOV A,direct	A←(direct)	MOV A,30H
3		MOV A,@Ri	A←(Ri)	MOV A,@R0
4		MOV A,#data	A←data	MOV A,#45H
5	以 Rn 寄存器为目的操作数的数据传送指令	MOV Rn,A	Rn←A	MOV R4,A
6		MOV Rn,direct	Rn←(direct)	MOV R2,33H
7		MOV Rn,#data	Rn←data	MOV R7,#0FFH
8	以直接地址 direct 为目的操作数的数据传送指令	MOV direct,A	direct←A	MOV 40H,A
9		MOV direct,Rn	(direct)←Rn	MOV 3AH,R0
10		MOV direct2,direct1	(direct2)←(direct1)	MOV 30H,40H
11		MOV direct,@Ri	(direct)←(Ri)	MOV 30H,@R1
12		MOV direct,#data	(direct)←data	MOV 50H,#00H
13	以 Ri 间接地址为目的操作数的数据传送指令	MOV @Ri,A	(Ri)←A	MOV @R0,A
14		MOV @Ri,direct	(Ri)←(direct)	MOV @R1,5AH
15		MOV @Ri,#data	(Ri)←data	MOV @R0,#0AH
16	16 位立即数传送指令	MOV DPTR,#data16	DPH←VD15 ~ VD8 DPL←VD7 ~ VD0	MOV DPTR,#3A4BH

（2）外部数据存储器 RAM 数据传送指令

外部数据存储器 RAM 数据传送指令的格式及功能如表 A2 所示。

表 A2　外部数据存储器 RAM 数据传送指令的格式及功能

序号	指 令 名 称	指 令 格 式	功　　能	指 令 举 例
17	外部数据存储器数据传送指令	MOVX A,@DPTR	A←(DPTR)	MOVX A,@DPTR
18		MOVX @DPTR,A	(DPTR)←A	MOVX @DPTR,A
19		MOVX A,@Ri	A←(Ri)	MOVX A,@R0
20		MOVX @Ri,A	(Ri)←A	MOVX @R0,A

说明：

① 对外部 RAM 的访问只能通过累加器 A。

② 对外部 RAM 的访问必须采用寄存器间接地址的方式。

寄存器间接地址的形式有两种：8 位寄存器 R0、R1 和 16 位寄存器 DPTR。当通过 DPTR 寄存器间接寻址方式读写外部 RAM 时，先将 16 位外部 RAM 地址放在数据指针

DPTR 寄存器中，然后以 DPTR 作为间接地址寄存器，通过累加器 A 进行读写。比如要读写外部 RAM 的 3F7EH 存储单元，方法为：

```
MOV   DPTR,#3F7EH ;将外部 RAM 存储单元地址 3F7EH 以立即数形式传送到 DPTR
MOVX  A,@DPTR      ;将 DPTR 指定的外部存储单元（3F7EH）送累加器 A
MOVX  @DPTR, A     ;将累加器 A 输出到 DPTR 指定的外部存储单元（3F7EH）中
```

当通过 R0 或 R1 寄存器间接地址方式读写外部 RAM 时，先将外部 RAM 存储单元地址放在 R0 或 R1 寄存器中，然后以 R0 或 R1 作为间接寻址寄存器，通过累加器 A 进行读写，但由于 R0 或 R1 为 8 位寄存器，一般只能访问外部 RAM 的 00H ~ FFH 地址范围的存储单元。

③ 访问外部 RAM 的指令也作为访问扩展的外部设备端口的数据传送指令，例如，已知某外设端口的地址为 3F4DH，则对此端口的读写操作为：

```
MOV   DPTR,#3F4DH        ;赋端口地址
MOVX  A,@DPTR            ;将外设中的数据读入 A
MOVX  @DPTR,A            ;将 A 中的数据写入外设中
```

外部 RAM 的不同存储单元之间也不能直接传送，需要通过累加器 A 作为中介。

例 1 把外部 RAM 的 2000H 单元内容传送到 3000H 单元中（两单元之间的数据传送）。

```
MOV   DPTR, #2000H      ;DPTR 指向单元地址 2000H
MOVX  A, @DPTR          ;2000H 单元内容送入 A
MOV   DPTR, #3000H      ;DPTR 指向单元地址 3000H
MOVX  @DPTR, A          ;A 中的内容送入 3000H 单元
```

（3）程序存储器向累加器 A 传送数据指令（查表指令）

为了取出存放在程序存储器中的表格数据，MCS-51 单片机提供了两条查表指令，这两条指令的操作码助记符为"MOVC"，其中"C"的含义是 Code（代码），表示操作对象是程序存储器。累加器 A 与程序存储器 ROM 之间的数据传送指令（查表指令）的格式及功能如表 A3 所示。

表 A3　查表指令的格式及功能

序号	指 令 名 称	指 令 格 式	功　　能	指 令 举 例
21	程序存储器向累加器 A 传送数据指令（查表指令）	MOVC A,@A+DPTR	A←(A+DPTR)	MOVC A,@A+DPTR
22		MOVC A,@A+PC	A←(A+PC)	MOVC A,@A+PC

其中"MOVC A, @A+DPTR"指令以 DPTR 作为基址，加上累加器 A 内容后，所

得的 16 位二进制数作为待读出的程序存储器单元地址，并将该地址单元的内容传送到累加器 A 中。这条指令主要用于查表，例如，在程序存储器中，依次存放 0～9 的八段数码显示器的字形码 0C0H，0F9H，0A4H，0B0H，99H，92H，82H，0F8H，80H，90H，则当需要在 P1 口输出某一数码，如"5"时，可通过如下指令实现：

```
MOV   DPTR,#TAB ;将字形表的首地址传送到 DPTR 中
MOV   A,#05H    ;把待显示的数码传送到累加器 A 中
MOVC A,@A+DPTR ;表的首地址加 05H 的单元中的内容（6DH）送 A
MOV   P1,A      ;将数码"5"对应的字模码"6D"输出到 P1 口
TAB: DB 3FH,06H,5BH,4FH,66H,6DH,7DH,07H,7FH,6FH,77H,7CH,39H,5EH,
79H,71H
```

由于程序存储器只能读出，不能写入，因此没有写程序存储器指令。如 MOVC @A+DPTR，A 是非法指令。

（4）堆栈操作指令

堆栈操作是单片机系统基本操作之一。设置堆栈操作的目的一是为了保护断点，以便子程序或中断服务子程序运行结束后，能正确返回主程序，保护断点是自动进行的，并不需要指令来完成；二是为了保护现场，比如在主程序中正在使用累加器 A，响应中断后在中断服务程序中也要用到累加器 A，就会修改累加器 A 中的内容，再返回到主程序可能会造成数据出错，保护现场必须由人工通过指令完成。堆栈操作指令的格式及功能如表 A4 所示。

表 A4　堆栈操作指令的格式及功能

序号	指令名称	指令格式	功　能	指令举例
23	堆栈操作指令	PUSH direct	将 direct 中的内容压入堆栈	PUSH A PUSH PSW
24		POP direct	将堆栈栈顶的内容弹出到 direct	POP PSW POP A

在中断服务程序开始处安排若干条 PUSH 指令，把需要保护的特殊功能寄存器内容压入堆栈，在中断服务程序返回指令前，安排相应的 POP 指令，将寄存器中的原来内容弹出。但 PUSH 和 POP 指令必须成对，且必须遵循"后进先出"的原则，即入栈顺序与出栈顺序相反，因此中断服务程序结构如下：

```
PUSH PSW         ;保护现场
PUSH A
……             ;中断服务程序实体
POP   A          ;恢复现场
```

```
POP        PSW
RETI                ;中断服务程序返回
```

（5）字节交换指令

MCS-51 单片机提供了四条字节交换指令和两条半字节交换指令，这些指令的格式及功能如表 A5 所示。

表 A5　字节交换指令的格式及功能

序号	指 令 名 称	指 令 格 式	功　　能	指 令 举 例
25	字节交换指令	XCH　A,Rn	A 和 Rn 内容对调	XCH A,R5
26		XCH　A,direct	A 和(direct) 内容对调	XCH A,30H
27		XCH　A,@Ri	A 和(Ri)内容对调	XCH A,@R0
28	半字节交换指令	XCHD　A,@Ri	A 低 4 位和(Ri) 低 4 位对调	XCHD A,@R0
29	累加器高低 4 位 互换指令	SWAP　A	A 高 4 位与 A 低 4 位对调	SWAP A

例 2　将 30H 单元的内容高低 4 位互换。可执行如下指令：

```
MOV  A,30H
SWAP A
MOV  30H,A
```

2. 算术运算类指令（24 条）

MCS-51 单片机系统提供了丰富的算术运算指令，如加法运算、减法运算、加 1 指令、减 1 指令，以及乘法、除法指令等。

一般情况下，算术运算指令执行后会影响程序状态字寄存器 PWS 中相应的标志位。

（1）加法指令

加法指令的格式及功能如表 A6 所示。

表 A6　加法指令的格式及功能

序号	指 令 名 称	指 令 格 式	功　　能	指 令 举 例
30	不带进位的加法指令	ADD　A,Rn	A←A+Rn	ADD A,R3
31		ADD　A,direct	A←A+(direct)	ADD A,3BH
32		ADD　A,@Ri	A←A+(Ri)	ADD A,@R1
33		ADD　A,#data	A←A+data	ADD A,#5EH

续表

序号	指 令 名 称	指 令 格 式	功　　能	指 令 举 例
34		ADDC　A,Rn	A←A+Rn+Cy	ADDC A,R4
35	带进位的加法指令	ADDC　A,direct	A←A+(direct)+Cy	ADDC A,32H
36		ADDC　A,@Ri	A←A+(Ri)+Cy	ADDC A,@R0
37		ADDC　A,#data	A←A+data+Cy	ADDC A,#38H

说明：

① 所有加法指令的目的操作数均是累加器 A，源操作数可以是寄存器、直接地址、寄存器间接地址、立即数四种寻址方式。相加的结果存放在累加器 A 中。

② 加法指令执行后将影响进位标志 Cy、溢出标志 OV、辅助进位标志 Ac 及奇偶标志 P。

相加后，若 B7 位有进位，则 Cy 为 1；反之为 0。B7 有进位，表示两个无符号数相加时，结果大于 255，和的低 8 位存放在累加器 A 中，进位存放在 Cy 中。

相加后，若 B3 位向 B4 位进位，则 Ac 为 1；反之为 0。

由于奇偶标志 P 总是体现累加器 A 中"1"的奇偶性，因此 P 也会改变。

③ 带进位加法指令中的累加器 A 除了加源操作数外，还需要加上程序状态字寄存器 PSW 中的进位标志 Cy。设置带进位加法指令的目的是为了实现多字节加法运算。

例 3　双字节无符号数加法（R0R1）+（R2R3），结果存放在（R4R5）。

R0、R2、R4 存放 16 位数的高字节，R1、R3、R5 存放低字节。由于不存在 16 位数的加法指令，所以只能行加低 8 位，而在加高 8 位时连低 8 位相加时产生的进位一起相加。其编程如下：

```
MOV     A,R1        ;取被加数低字节
ADD     A,R3        ;低字节相加
MOV     R5,A        ;保存低字节和
MOV     A,R0        ;取高字节被加数
ADDC    A,R2        ;取高字节之和加低位进位
MOV     R4,A        ;保存高字节和
```

（2）减法指令

减法指令的格式及功能如表 A7 所示。

表 A7　减法指令的格式及功能

序号	指 令 名 称	指 令 格 式	功　　能	指 令 举 例
38	带借位减法指令	SUBB　A,Rn	A←A − Rn − Cy	SUBB A,R7
39		SUBB　A,direct	A←A − (direct) − Cy	SUBB A,32H

续表

序号	指 令 名 称	指 令 格 式	功　能	指 令 举 例
40	带借位减法指令	SUBB　A,@Ri	A←A – (Ri) – Cy	SUBB A,@R0
41		SUBB　A,#data	A←A – data – Cy	SUBB A,#6FH

MCS-51 单片机指令系统只有带借位减法指令，被减数是累加器 A，减数可以是内部 RAM、特殊功能寄存器或立即数之一，结果存放在累加器 A 中。与加法指令类似，操作结果同样会影响标志位。

Cy 为 1，表示被减数小于减数，产生借位。

相减时，如果 B3 位向 B4 位借位，则 Ac 为 1；反之为 0。

奇偶标志 P 总是体现累加器 A 中 "1" 的奇偶性，因此 P 也会变化。

由于 MCS-51 单片机指令系统只有带借位的减法指令，因此，当需要执行不带借位的减法指令时，可先通过 "CLR C" 指令，将进位标志 Cy 清 0。

例 4　用减法指令求内部 RAM 中 40H 单元和 41H 单元的差，结果放入 42H 单元。

实现程序如下：

```
MOV      A,40H        ;先把被减数传送到累加器 A 中
CLR      C            ;进位标志 Cy 清 0
SUBB     A,41H        ;减去 41H 单元的内容
MOV      42H,A        ;将结果传送到 42H 单元
```

（3）加 1 指令

加 1 指令使操作数加 1。加 1 指令的格式及功能如表 A8 所示。

表 A8　加 1 指令的格式及功能

序号	指 令 名 称	指 令 格 式	功　能	指 令 举 例
42	加 1 指令	INC　A	A←A+1	INC A
43		INC　Rn	Rn←Rn+1	INC R2
44		INC　direct	(direct)←(direct)+1	INC 30H
45		INC　@Ri	(Ri)←(Ri)+1	INC @R0
46		INC　DPTR	DPTR←DPTR+1	INC DPTR

加 1 指令不影响标志位，只有操作对象为累加器 A 时，才影响奇偶标志位 P。

当操作数初值为 0FFH，则加 1 后，将变为 00H。

（4）减 1 指令

减 1 指令使操作数减 1。减 1 指令的格式及功能如表 A9 所示。

表A9　减1指令的格式及功能

序　号	指 令 名 称	指 令 格 式	功　能	指 令 举 例
47	减1指令	DEC　A	A←A－1	DEC　A
48		DEC　Rn	Rn←Rn－1	DEC　R5
49		DEC　direct	(direct)←(direct)－1	DEC　3AH
50		DEC　@Ri	(Ri)←(Ri)－1	DEC　@R0

与加1指令情况类似，减1指令也不影响标志位，只有当操作数是累加器A时，才影响奇偶标志位P。

当操作数的初值为00H时，减1后，结果将变为FFH。

其他情况与加1指令类似。

（5）乘、除法指令

MCS-51单片机指令系统提供了8位无符号数乘、除法指令，乘、除法指令的格式及功能如表A10所示。

表A10　乘、除法指令的格式及功能

序　号	指 令 名 称	指 令 格 式	功　能	指 令 举 例
51	乘法指令	MUL　AB	A←A×B 的低8位 B←A×B 的高8位	MUL AB
52	除法指令	DIV　AB	A（商）←A÷B B（余数）←A÷B	DIV AB

在乘法指令中，被乘数放在累加器A中，乘数放在寄存器B中，乘积的高8位放在寄存器B中，低8位放在累加器A中。

该指令影响标志位：当结果大于255时，OV为1；反之为0；进位标志Cy总为0，AC保持不变，奇偶标志P随累加器A中"1"的个数变化而变化。

MCS-51单片机指令系统没有提供8位×16位、16位×16位、16位×24位等多字节乘法指令，只能通过单字节乘法指令完成多字节乘法运算。

在除法指令中，被除数放在累加器A中，除数放在寄存器B中，商放在累加器A中，余数放在寄存器B中。

该指令影响标志位：如果除数（寄存器B）不为0，执行后，溢出标志OV、进位标志Cy总为0；如果除数为0，执行后，结果将不确定，OV置1，Cy仍为0；AC保持不变；奇偶标志P位随累加器A中"1"的个数变化而变化。

尽管MCS-51单片机指令系统没有提供16位÷8位、32位÷16位等多位除法运算指令，但可以借助减法或类似多项式除法运算规则完成多位除法运算，相应的计算读者可查阅相关资料。

例 5 利用单字节乘法指令进行双字节数乘以单字节数的运算。

若双字节数的高 8 位存放在 30H 单元,低 8 位存放在 31H 单元,单字节数存放在 32H 单元,积存入 40H、41H、42H 单元（从高位到低位）。该运算步骤为：将 16 位被乘数分为高 8 位和低 8 位,首先由低 8 位与 8 位数相乘,所得的积的低 8 位即为最终结果的低 8 位,存入 42H 单元,积的高 8 位暂存于 41H 单元。再用 16 位被乘数的高 8 位乘以乘数,所得的积的低 8 位与暂存于 41H 单元的内容相加,存入 41H 单元作为最终结果的中间 8 位,而积的高 8 位还要与低位进位 Cy 相加才能存入 40H 单元,作为最终结果的高 8 位。双字节数乘以单字节数示意图如图 A2 所示。

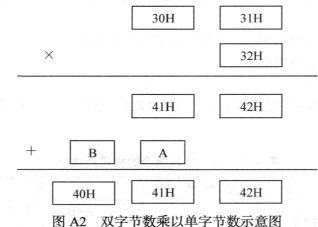

图 A2　双字节数乘以单字节数示意图

实现程序如下：

```
MOV     A,31H       ;取 16 位数的低 8 位
MOV     B,32H       ;取乘数
MUL     AB          ;相乘
MOV     42H,A       ;存积低 8 位
MOV     41H,B       ;暂存积高 8 位
MOV     A,30H       ;取 16 位数的高 8 位
MOV     B,32H       ;取乘数
MUL     AB          ;相乘
ADD     A,41H       ;相加得积的中间 8 位
MOV     41H,A       ;积的中间 8 位存于 41H
MOV     A,B         ;积的高 8 位送 A
ADDC    A,#00H      ;带进位加法加 0 相当于加进行位
MOV     40H,A       ;积的最高 8 位存入 40H
```

（6）十进制调整指令

十进制调整指令的格式及功能如表 A11 所示。

表 A11   十进制调整指令的格式及功能

序号	指 令 名 称	指 令 格 式	功　　　能	指 令 举 例
53	十进制调整指令	DA A	根据进位标志 Cy、辅助进位标志 Ac 以及累加器 A 内容,将累加器 A 内容转化为 BCD 码形式	DA A

　　十进制调整指令是一条对二–十进制的加法进行调整的指令。两个压缩的 BCD 码按二进制相加时,必须经过十进制调整指令调整后才能得到正确的结果,实现十进制的运算。由于指令要利用 Ac、Cy 等标志才能起到正确的调整作用,因此它必须跟在加法 ADD、ADDC 指令后面方可使用。

　　该指令的操作过程为:若相加后累加器 A 的低 4 位大于 9 或半进位标志 Ac=1,则加 06H 修正;若 A 的高 4 位大于 9 或进位标志 Cy=1,则对高 4 位加 06H 修正;若 Cy=1 和 Ac=1 同时发生,或者高 4 位虽等于 9 但低 4 位修正后有进位,则 A 应加 66H 修正。

　　在使用中,对用户而言,只要保证参加运算的两数为 BCD 码,并先对 BCD 码进行二进制加法运算(用 ADD、ADDC 指令)然后紧跟一条 DA A 指令即可把结果十六进制数调整为人们习惯的十进制数,使用是很方便的。

　　例 6　对 BCD 码加法 65+58 进行十进制调整。

　　实现程序如下:

```
MOV A,#65H
ADD A,#58H
DA A
```

　　执行完 ADD 指令后结果为 BDH,经过 DA A 十进制调整指令后结果为 123,即 65+58=123。

3. 逻辑运算类指令(24 条)

　　MCS-51 单片机指令系统提供了丰富的逻辑运算指令,包括逻辑非(取反)、与、或、异或,以及循环移位操作等。

　　(1)逻辑与运算指令

　　逻辑与运算指令的格式及功能如表 A12 所示。

表 A12   逻辑与运算指令的格式及功能

序号	指 令 名 称	指 令 格 式	功　　　能	指 令 举 例
54	逻辑与运算指令	ANL A,Rn	$A \leftarrow A \wedge Rn$	ANL A,R2
55		ANL A,direct	$A \leftarrow A \wedge (direct)$	ANL A,55H
56		ANL A,@Ri	$A \leftarrow A \wedge (Ri)$	ANL A,@R0

续表

序号	指令名称	指令格式	功　能	指令举例
57	逻辑与运算指令	ANL　A,#data	A←A∧data	ALNL A,#0FH
58		ANL　direct，A	(direct)←(direct)∧A	ANL 31H,A
59		ANL　direct，#data	(direct)←(direct)∧#data	ANL 33H,#58H

逻辑与运算指令是将两个操作数按位进行逻辑"与"的操作。

例如：（A）=FAH=11111010B，（R1）=7FH=01111111B

执行指令：ANL　A，R1

结果为：（A）=01111010B=7AH

逻辑与 ANL 指令常用于屏蔽（置 0）字节中某些位。若清除某位，则用"0"和该位相与；若保留某位，则用"1"和该位相与。

例如：（P1）=C5H=11000101B，屏蔽 P1 口高 4 位

执行指令：ANL　P1，#0FH

结果为：（P1）=05H=00000101B

（2）逻辑或运算指令

逻辑或运算指令的格式及功能如表 A13 所示。

表 A13　逻辑或运算指令的格式及功能

序号	指令名称	指令格式	功　能	指令举例
60	逻辑或运算指令	ORL　A,Rn	A←A∨Rn	ORL A,R2
61		ORL　A,direct	A←A∨(direct)	ORL A,30H
62		ORL　A,@Ri	A←A∨(Ri)	ORL A,@R0
63		ORL　A,#data	A←A∨data	ORL A,#33H
64		ORL　direct,A	(direct)←(direct)∨A	ORL 4AH,A
65		ORL　direct,#data	(direct)←(direct)∨#data	ORL 34H,#06H

逻辑或运算指令是将两个操作数按位进行逻辑"或"的操作。

例如：（A）=FAH=11111010B，（R1）=7FH=01111111B

执行指令：ORL　A，R1

结果为：（A）=11111111B=FFH

逻辑与 ORL 指令常用于使字节中某些位置"1"。若保留某位，则用"0"和该位相或；若置位某位，则用"1"和该位相或。

例如：（P1）=C5H=11000101B，将 P1 口低 4 位置"1"

执行指令：ORL　P1，#0FH

结果为：（P1）=05H=11001111B

（3）逻辑异或运算指令

逻辑异或运算指令的格式及功能如表A14所示。

表A14　逻辑异或运算指令的格式及功能

序号	指令名称	指令格式	功能	指令举例
66	逻辑异或运算指令	XRL　A,Rn	A←A⊕Rn	XRL　A,R5
67		XRL　A,direct	A←A⊕(direct)	XRL　A,5AH
68		XRL　A,@Ri	A←A⊕(Ri)	XRL　A,@R1
69		XRL　A,#data	A←A⊕data	XRL　A,#88H
70		XRL　direct,A	(direct)←(direct)⊕A	XRL　4AH,A
71		XRL　direct,#data	(direct)←(direct)⊕#data	XRL　30H,#data

逻辑异或运算指令是将两个操作数按位进行逻辑"异或"的操作。

（4）累加器清0与取反指令

累加器清0与取反指令的格式及功能如表A15所示。

表A15　累加器清0与取反指令的格式及功能

序号	指令名称	指令格式	功能	指令举例
72	累加器清0指令	CLR　A	A←0	CLR　A
73	累加器取反指令	CPL　A	A←$\overline{A}$	CPL　A

（5）循环移位指令

循环移位指令的格式及功能如表A16所示。

表A16　循环移位指令的格式及功能

序号	指令名称		指令格式	功能	指令举例
74	循环左移指令	循环左移	RL　A	A7 ← … ← A0 循环	RL　A
75		带进位循环左移	RLC　A	Cy ← A7 ← … ← A0	RLC　A
76	循环右移指令	循环右移	RR　A	A7 → … → A0 循环	RR　A
77		带进位循环右移	RRC　A	Cy → A7 → … → A0	RRC　A

205

循环移位指令的操作数只能是累加器 A，指令每执行一次，循环移位一位。

这类指令的特点是不影响程序状态字寄存器 PSW 中的标志位。只有带进位 Cy 循环移位时，才影响 Cy 和奇偶标志 P。

4．控制转移类指令（17 条）

以上介绍的指令均属于顺序执行指令，即执行了当前指令后，接着就执行下一条指令。但是在单片机系统中，只有顺序执行指令是不够的。有了控制转移类指令，就能很方便地实现程序向前、向后跳转，并根据条件分支运行、循环运行、调用子程序等。

（1）无条件跳转指令

MCS-51 单片机指令系统中无条件跳转指令的格式及功能如表 A17 所示。

表 A17　无条件跳转指令的格式及功能

序号	指 令 名 称	指 令 格 式	功　　能	指 令 举 例
78	绝对无条件跳转	AJMP　addr11	跳转到下条指令的地址的高 5 位和 addr11 组成的地址处	AJMP MAIN（标号）
79	长跳转	LJMP　addr16	跳转到 addr16 指定的地址处	LJMP MAIN（标号）
80	短跳转	SJMP　rel	跳转到下条指令的地址加上偏移量 rel 的地址处	SJMP MAIN（标号）
81	间接跳转	JMP　@A+DPTR	跳转到 A+DPTR 指定的地址处	JMP @A+DPTR

无条件跳转指令的含义是执行了该指令后，程序将无条件跳到指令中给定的存储器地址单元。

① 长跳转指令给出了 16 位地址，该地址就是转移后要执行的指令码所在的存储单元地址，因此，该指令执行后，将指令中给定的 16 位地址装入程序计数器 PC。长跳转指令可使程序跳到 64KB 范围内的任一单元执行，常用于跳到主程序、中断服务程序入口处，如：

```
ORG 0000H
LJMP MAIN        ;MAIN 为主程序入口地址标号

ORG 0013H
LJMP INT1        ;INT1 为外中断 1 服务程序入口地址标号
```

② 绝对跳转指令 AJMP 只需要 11 位地址，即该指令执行后，仅将指令中给定的 11 位地址装入程序计数器 PC 的低 11 位，而高 5 位（PC15～PC11）保持不变。因此 AJMP 指令只能实现 2KB 范围内的跳转。

③ 短跳转指令"SJMP rel"中的 rel 是一个带符号的 8 位地址，范围在-128 ~ +127 之间。当偏移量为负数（用补码表示）时，向前跳转；而当偏移量为正数时，向后跳转。

④ 在间接跳转"JMP @A+DPTR"指令中，将 DPTR 内容与累加器 A 相加，得到的 16 位地址作为 PC 的值。因此，通过该指令可以动态修改 PC 的值，跳转地址由累加器 A 控制，常用做多分支跳转指令。

说明：表面上看这些指令不太容易理解，其实用起来非常简单，即无论是哪种形式的跳转指令，我们只需要在程序中写所要跳转的位置的标号就可以了，编译软件会自动计算地址。

（2）条件跳转指令

MCS-51 单片机指令系统提供了满足不同条件的跳转指令。条件跳转指令的格式及功能如表 A18 所示。

表 A18　条件跳转指令的格式及功能

序号	指令名称	指令格式	功能	指令举例
82	累加器 A 判断0转移指令	JZ　rel	累加器 A 为 0 跳转，不为 0 则顺序执行	JZ HERE（标号）
83		JNZ　rel	累加器 A 不为 0 跳转，为 0 则顺序执行	JNZ HERE（标号）
84	比较转移指令	CJNE A,direct,rel	参与比较的两数若相等，则不跳转，程序顺序执行；若两数不等，则跳转；当目的操作数大于源操作数时 Cy=0，当目的操作数小于源操作数时 Cy=1	CJNE A,30H,NEXT
85		CJNE A,#data,rel		CJNE A,#60,NEXT
86		CJNE Rn,#data,rel		CJNE R6,#60,NEXT
87		CJNE @Ri,#data,rel		CJNE @R0,#24,NEXT
88	减1条件转移指令	DJNZ　Rn, rel	Rn 中的内容减 1，若不为 0，则跳转；若为 0，则程序顺序执行	DJNZ R0,LOOP
89		DJNZ　direct, rel	直接地址中的内容减 1，若不为 0，则跳转；若为 0，则程序顺序执行	DJNZ 30H,BACK

在这一组指令中，rel 作为相对转移偏移量，书写程序时，以标号代替。

比较转移指令兼有比较两个数的大小和控制转移双重功能。

减 1 条件转移指令 DJNZ 是把减 1 功能和条件转移结合在一起的一组指令。程序每执行一次该指令，就把第一操作数中的内容减 1，并且结果存在第一操作数中，然后判断操作数是否为 0。若不为 0，则转移到指定的位置，否则顺序执行。该指令对于构成循环程序是十分有用的，可以指定一个寄存器为计数器，对计数器赋以初值，利用上述指令进行减 1 后不为 0 就循环操作，构成循环程序。赋以不同的初值，可对应不同的循环次数。

例 7　软件延时程序：

```
           MOV  R1,#0FH        ;给 R1 赋循环次数初值
  DELAY:   DJNZ R1,DELAY       ;循环 15 次后退出循环向下执行
```

（3）子程序调用及返回指令

MCS-51 单片机指令系统中子程序调用及返回指令的格式及功能如表 A19 所示。

表 A19　子程序调用及返回指令的格式及功能

序　号	指 令 名 称	指 令 格 式	功　能	指 令 举 例
90	绝对调用	ACALL　addr11	子程序调用	ACALL DELAY
91	长调用	LCALL　addr16	子程序调用	LCALL DELAY
92	子程序返回指令	RET	子程序返回	RET
93	中断返回指令	RETI	中断返回	RETI

子程序调用指令用于执行子程序，调用指令中的地址就是子程序的入口地址，子程序执行结束后，要返回主程序继续执行。

子程序返回指令 RET 一般是子程序的最后一条指令，执行了该指令后，便返回主程序继续执行。

中断返回指令 RETI 也是中断服务程序的最后一条指令，执行了该指令后，便返回主程序继续执行。

（4）空操作指令

空操作指令的格式及功能如表 A20 所示。

表 A20　空操作指令的格式及功能

序　号	指 令 名 称	指 令 格 式	功　能	指 令 举 例
94	空操作	NOP	PC←PC+1	NOP

执行空操作指令 NOP 时，CPU 什么事也没有做，但消耗了执行时间，常用于实现短时间的延迟或等待。

5. 位操作类指令（17 条）

MCS-51 单片机具有丰富的位操作指令，在位运算指令中，进位标志 Cy 的作用类似

于字节运算指令中的累加器 A，因此 Cy 在位操作指令中，被称为位累加器。MCS-51 单片机内部 RAM 字节地址 20～2FH 单元是位存储区（16 字节×8 位，共 128 个位），位存储器地址编码范围 00～7FH。此外，许多特殊功能寄存器，如 P0～P3 口锁存器、程序状态字 PSW、定时器/计数器控制寄存器 TCON 等均具有位寻址功能。因此，位存储器包括了内部 RAM 中 20～2FH 单元的位存储区及特殊功能寄存器中支持位寻址的所有位。

（1）位基本操作指令

位基本操作指令主要包括位传送指令、位置 1 指令、位清 0 指令和位逻辑指令。位基本操作指令的格式及功能如表 A21 所示。

表 A21　位基本操作指令的格式及功能

序号	指 令 名 称	指 令 格 式	功　　能	指 令 举 例
95	位传送指令	MOV　C, bit	C←(bit)	MOV C,20H
96		MOV　bit, C	(bit)←C	MOV 20H,C
97	位清 0 指令	CLR　C	C←0	CLR C
98		CLR　bit	(bit)←0	CLR 20H
99	位置 1 指令	SETB　C	C←1	SETB C
100		SETB　bit	(bit)←1	SETB P1.0
101	位取反指令	CPL　C	C←$\overline{c}$	CPL C
102		CPL　bit	(bit)←$\overline{(bit)}$	CPL P1.0
103	逻辑与指令	ANL　C, bit	C←C∧(bit)	ANL C,20H
104		ANL　C, /bit	C←C∧$\overline{(bit)}$	ANL C,/20H
105	逻辑或指令	ORL　C, bit	C←C∨(bit)	ORL C,20H
106		ORL　C, /bit	C←C∨$\overline{(bit)}$	ORL C,/P1.2

（2）位条件转移指令

位条件转移指令以进位标志 Cy 或位地址 bit 的内容作为是否转移的条件。位条件转移指令的格式及功能如表 A22 所示。

表 A22　位条件转移指令的格式及功能

序号	指 令 名 称	指 令 格 式	功　　能	指 令 举 例
107	以 Cy 内容为条件的转移指令	JC　rel	Cy 为 1 跳转，为 0 则顺序执行	JC SMLL
108		JNC　rel	Cy 为 0 跳转，为 1 则顺序执行	JNC BIG

续表

序号	指 令 名 称	指 令 格 式	功　　能	指 令 举 例
109	以位地址内容为条件的转移指令	JB　bit, rel	位地址 bit 为 1 跳转，为 0 则顺序执行	JB P3.1,NEXT
110		JNB　bit, rel	位地址 bit 为 0 跳转，为 1 则顺序执行	JNB P3.1,LOOP
111		JBC　bit, rel	位地址 bit 为 1 跳转，并将位地址 bit 清 0，否则顺序执行	JBC P3.1,NEXT

以 Cy 内容为条件的转移指令 JC、JNC 与比较转移指令 CJNE 一起使用，先由 CJNE 指令判别两个操作数是否相等，若相等就顺序执行；若不相等则依据两个操作数的大小置位或清 0 Cy，再由 JC 或 JNC 指令根据 Cy 的值决定如何进一步分支，从而形成三分支的控制模式。

例 8　比较内部 RAM 30H 和 31H 单元中的内容的大小，大数存放在 40H 单元，小数存放在 41H 单元。

实现程序：

```
            MOV A,30H           ;30H 中的内容送 A
            CJNE A,31H,BUDENG   ;比较两数大小，不等转移
            SJMP BIG            ;相等，不区分大小数
BUDENG:     JC,BIG              ;Cy 是否为 1
            MOV 41H,31H         ;Cy=0，则 30H 中的数大
            MOV 40H,30H
            SJMP BACK
BIG:        MOV 41H,30H         ;Cy=1，则 31H 中的数大
            MOV 40H,31H
BACK:       RET
```

三、伪指令

伪指令不是单片机本身的指令，不要求 CPU 进行任何操作，不产生目标程序，不影响程序的执行，仅仅是能够帮助进行汇编的一些指令。它主要用来指定程序或数据的起始位置，给出一些连续存放数据的确定地址，或为中间运算结果保留一部分存储空间，以及表示汇编程序结束等。几种常用的伪指令如表 A23 所示。

表 A23　几种常用的伪指令

指 令 名 称	指 令 格 式	功 能	指 令 举 例
设置目标程序起始地址伪指令	ORG 16 位地址	指明后面程序的起始地址，它总是出现在每段程序的开始	ORG 0000H LJMP MAIN
汇编结束伪指令	END	是汇编语言源程序的结束标志	END
定义字节伪指令	DB 8 位二进制数表	把 8 位二进制数表依次存入从标号开始连续的存储单元	TAB:DB 30H,6AH
定义字伪指令	DW 16 位数据表	与 DB 相似，区别在于从指定的地址开始存放的是 16 位数据。高 8 位先存，低 8 位后存	ORG 0000H DS 20H DB 30H,7FH
等值伪指令	字符名称 EQU 数字或汇编符号	使指令中的字符名称等价于给定的数字或汇编符号。经赋值后字符名称就可以在程序中代替数字或汇编符号	HOUR EQU 30H MIN EQU 31H
位地址定义伪指令	字符名称 BIT 位地址	将位地址赋予 BIT 前面的字符，经赋值后就可以在程序中用该字符代替 BIT 后面的位地址	FLG BIT F0 PORT BIT P1.0

C51 语言概述

一、C 语言特点

C 语言是目前唯一一种可以运行在单片机、个人电脑，以及巨型机等各种机型的高级语言。目前 8051 系列单片机已经具有多种 C 语言编译系统和实时多任务操作系统，用它开发项目时多快好省，C 语言功能强大，十分适用于控制系统的开发。

C 语言的主要优点有：

（1）语言简洁、紧凑，使用方便、灵活；

（2）运算符丰富，数据结构丰富，具有结构化的控制语句；

（3）语法限制不太严格，程序设计自由度大；

（4）能实现较底层的功能；

（5）生成目标代码质量高，程序执行效率高；

（6）程序可移植性好。

对于 51 系列单片机的 C 语言的特点如下：

（1）针对 8051 的特点对标准的 C 语言进行扩展；

（2）对单片机的指令系统不要求十分了解，只要对 8051 单片机的存储结构有初步了解，就可以编写出应用软件；

（3）寄存器的分配、不同存储器的寻址及数据类型等细节由编译器管理。

用 C 语言编写的应用程序必须经单片机的 C 语言编译器（简称 C51）转换生成单片机可执行代码程序。支持 51 系列单片机的 C 语言编译器有很多种。如 American Automation、Auoect、Bso/Tasking、KEIL 等。其中 KEIL 公司的 C51 编译器在代码生成方面领先，可产生最少代码，它支持浮点和长整数、重入和递归，使用非常方便。

二、C51 语言程序结构

用 C 语言编写单片机应用程序，其语法规定、程序结构及程序设计方法与标准的 C 语言基本相同，与标准的 C 语言程序的不同之处，在于根据单片机的存储结构及内部资源定义 C 语言中的数据类型和变量。先看一个简单的程序，通过它来了解一下 C 语言的程序结构。

如图 B1 所示，P1 口连接 8 只发光二极管 LED，当按键 S1 按下后，LED 流水灯作业点亮 LED。

程序如下：

```
#include <AT89X52.H >  // #include < AT89X52.H >的作用是
                        //将头文件AT89X52.H里的内容包含进我们的程序
                        //产生的结果是将AT89X52.H里的内容一字不漏地插入
                        //该头文件,定义了所有的特殊寄存器,方便我们使用
                        //不同的c51编译系统的使用不同的头文件
#include <INTRINS.H>    //内部函数头文件包含到程序中
                        //可以在程序中直接调用包含在在该内部头文件的函数
#define AA P1           //定义标识,标识有效范围为整个程序,定义AA为P1口
#define K1 P0_0         //定义标识,标识有效范围为整个程序,定义K1为 P0.0
unsigned int i;         //定义变量a为int 类型
void delay (void);      //延时函数声明
void main(void)         // main主函数(相当于汇编语言中的主程序)
{                       //main( )的开始
  AA=0xfe;              //给P1口赋值

    if(K1==0)
  {
  while(1)
    {
    AA=_crol_(AA,1); //左移函数,直接调用包含在<INTRINS.H>中的函数
    delay();           //调用延时函数
    }
  }
}                       //main( )函数的结束
                        // for循环语句构成的延时函数
                        //(相当于汇编程序中的延时子程序),自定义的函数
void delay (void)       //延时子函数
{
for(i=0;i<20000;i++); //for循环语句
}
```

1. C51 程序的基本组成

从上述实例中可以看出程序的基本结构和组成。

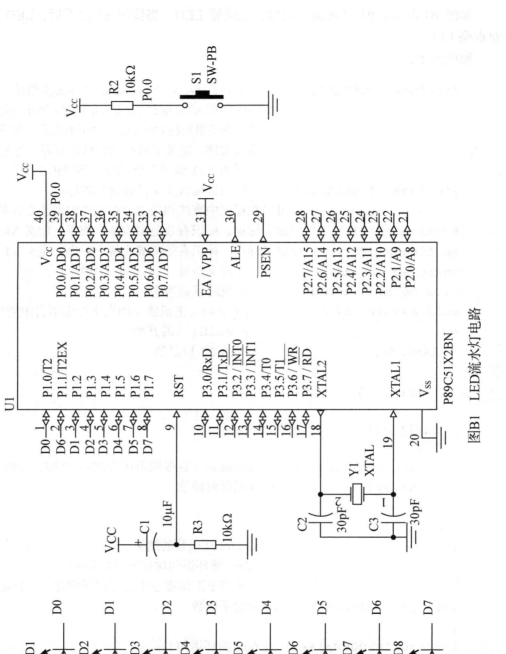

图B1　LED流水灯电路

（1）C51 程序为函数模块结构，所有的 C51 程序都由一个或多个函数构成，其中必须只能有一个主函数 main( )。程序从主函数开始执行，当执行到调用函数的语句时，程序将控制转移到调用函数中执行，执行结束后，再返回主函数中继续运行，直至程序执行结束。

　　函数是 C51 程序的基本单位。

（2）一个 C51 源程序至少包含一个 main 函数，也可以包含一个 main 函数和若干个其他函数。被调用的函数可以是系统提供的库函数，也可以是用户根据需要自己编写设计的函数。C51 是函数式的语言，程序的全部工作都是由各个函数完成的。编写 C51 程序实际就是编写一个个函数。

（3）C51 中函数分为两大类，一类是库函数，另一类是用户定义函数，这与标准 C 是一样的。库函数是 C51 在库文件中已定义的函数，其函数说明在相关的头文件中。对于这类函数，用户在编程时只要用 include 预处理指令将头文件包含在用户文件中，直接调用即可。用户函数是用户自己定义和调用的一类函数。

（4）一个函数由函数首部和函数体两部分组成。

　　函数首部：返回值类型函数名（形参列表）。

　　函数体：函数体一般包括声明部分、执行部分两部分。

```
{
```

　　声明部分：在这部分定义本函数所使用的变量。

　　执行部分：由若干条语句组成命令序列（可以在其中调用其他函数）。

```
}
```

　　{标志着函数体开始。

　　}表示函数体结束。

（5）函数调用之前，应该声明。

2．C51 程序书写格式

C51 程序习惯上使用小写英文字母，常量和其他用途的符号可用大写字母。C 语言对大、小写字母是有区别的，关键字必须小写。C51 程序书写格式规定如下：

（1）所有语句都必须以分号";"结束。

（2）一行内可写几条语句，一条语句也可写在几行上。每条语句的最后必须有一个分号";"表示语句的结束。

（3）允许使用注释，以增强程序的可读性，使用注释是编程人员的良好习惯。

　　注释格式主要有两种：/*注释内容串*/和//注释内容。

　　①　"/*"和"*/"必须成对使用。

　　②　注释的位置，可以单占一行，也可以跟在语句的后面。

③ 如果一行写不下，可另起一行继续写。

④ 注释中允许使用汉字。在非中文操作系统下，看到的是一串乱码，但不影响程序执行。

⑤ //作为注释符时，和//处于同一行，并且在//右边的内容都被当成注释。/和/之间不能有空格。

三、C51 的标识符和关键字

1. 标识符

标识符是用来标识源程序中某个对象的名字的，这些对象可以是语句、数据类型、函数、变量、常量、数组等。

（1）一个标识符由字符串、数字和下画线等组成。

（2）第一个字符必须是字母或下画线，通常以下画线开头的标识符是编译系统专用的。

（3）在编写 C 语言源程序时一般不要使用以下画线开头的标识符。而将下画线作为分段符。

（4）C51 编译器规定标识符最长可达 255 个字符，但只有前面 32 个字符在编译时有效，因此在编写源程序时标识符的长度不要超过 32 个字符，这对于一般应用程序来说已经足够了。

（5）C51 语言是大小字敏感的一种高级语言。

例如，我们要定义一个变量，可以写成"kg"，如果程序中有"KG"，那么这两个是完全不同定义的标识符。

2. 关键字

关键字则是编程语言保留的特殊标识符，它们具有固定名称和含义，在程序编写中不允许标识符与关键字相同。在 KEIL uVision2 中的关键字除了有 ANSI C 标准的 32 个关键字外还根据 51 单片机的特点扩展了相关的关键字。其实在 KEIL uVision2 的文本编辑器中编写 C 程序，系统可以把保留字以不同颜色显示，默认颜色为天蓝色。

C51 包含 ANSI C 关键字的同时，也有针对 51 单片机扩展的一些关键字。C51 的扩展关键字从某种程度上体现了 C51 语言与标准 C 语言的不同。例如，可重入函数、存储模式等都是标准 C 中不存在的问题。

（1）ANSI C 关键字如表 B1 所示。

表 B1　ANSI C 关键字

关键字	功　能	关键字	功　能
auto	自动变量	const	声明只读变量
double	双精度类型	float	声明浮点型类型
int	声明整型类型	short	声明短整型类型
struct:	声明结构体类型	unsigned	声明无符号类型
break	跳出当前循环	continue	结束当前循环,开始下一轮循环
else	条件语句否定分支（与 if 连用）	for	一种循环语句
long	声明长整型类型	signed	声明有符号类型
switch	用于开关语句	static	声明静态变量
case	开关语句分支	default	开关语句中的"其他"分支
enum	声明枚举类型	goto	无条件跳转语句
register	声明寄存器变量	sizeof	计算数据类型长度
typedef	用以给数据类型取别名	volatile	说明变量在程序执行中可被隐含地改变
char	声明字符型类型	do	循环语句的循环体
extern	声明变量在其他文件中声明	while	循环语句的循环条件
return	子程序返回语句（可以带参数,也可以看不带参数）	void	声明函数无返回值或无参数,声明无类型指针
union	声明联合数据类型	if	条件语句

（2）C51 扩展关键字如表 B2 所示。

表 B2　C51 扩展关键字

关键字	功　能	关键字	功　能
_at_	为变量定义存储空间绝对地址	pdata	分页寻址的外部 RAM
alien	声明与 PL/M51 兼容的函数	_priority_	RTX51 的任务优先级
bdata	可位寻址的内部 RAM	reentrant	可重入函数
bit	位类型	sbit	声明可位寻址的特殊功能位
code	ROM	sfr	8 位的特殊功能寄存器
compact	使用外部分页 RAM 的存储模式	sfr16	16 位的特殊功能寄存器
data	直接寻址的内部 RAM	small	内部 RAM 的存储模式
idata	间接寻址的内部 RAM	_task_	实时任务函数
interrupt	中断服务函数	using	选择工作寄存器组
large	使用外部 RAM 的存储模式	xdata	外部 RAM

3．C51 程序结构与函数

（1）顺序结构、选择结构与循环结构

① 顺序结构仅仅是简单的一个语句一个语句进行执行。

② 选择结构的语句有：if else，switch。

③ 循环结构的语句有：for，while，do while。

与标准 C 语言一样，循环结构中可以使用 break 和 continue，switch 中可以使用 break。

（2）函数

在 C51 中，函数的声明，定义和调用的方式基本一致，这里仅仅列出一些主要的不同之处。

① 可重入函数。C51 中的函数在默认情况下是不可以被多个进程共享的，而可重入函数则没有这个限制。让函数可重用的方法如下：

```
int testFunc(int a,int b) reentrant;
```

② 指定寄存器组。在 C51 中，我们可以指定函数特定的寄存器组。如果为中断函数指定寄存器组，那么所有被该中断函数调用的函数都必须使用这个寄存器组。

指定函数使用的寄存器组的方法是在函数原型后面加一个 using n，n 表示寄存器组。

```
int testFunc(int a,int b) using 0;
```

③ 中断服务子程序（中断函数）。可以通过在函数原型后面添加 interrupt n 来指定中断 n 的中断服务子程序。

四、C51 数据与数据类型

1．C51 的基本数据类型

C51 的基本数据类型有 char、int、short、long 和 float。除 float 外均可以使用 signed 和 unsigned 指定有符号型和无符号型，默认情况下都是 signed。char 占用一个字节，int 和 short 都占 2 个字节，long 占 4 个字节，float 占 4 个字节。

2．其他数据类型

指针类型：指针与标准 C 语言中的指针概念相同，指向一个特定的地址（地址存放可以是变量也可以是函数）。例如：

```
int func(int a, int b);
int (*pointer)(int,int) = func;
```

其他数据类型：enum、struct、union 及数组。

3．C51 专有数据类型

bit、sfr、sfr16 以及 sbit。

bit 变量存储在可位寻址区，保存一位二进制数。注：不能用指针指向位变量。

sfr 和 sfr16 指的是特殊寄存器变量。

sbit 声明的是可位寻址变量的一个位。可位寻址的变量就是存储在 bdata 的变量，以及部分 sfr。例如：

```
int bdata bitTest;
sbit bit0 = bitTest ^ 0;
```

例子中的 bit0 就是 bitTest 的第 0 位。

Keil C51 所支持的基本数据类型如表 B3 所示。

表 B3 Keil C51 所支持的基本数据类型

数 据 类 型	长度（bit）	长度（Byte）	值 域 范 围
bit	1		0,1
unsigned char	8	1	0 ~ 255
signed char	8	1	−128 ~ 127
unsigned int	16	2	0 ~ 65535
signed	16	2	−32768 ~ 32767
unsigned long	32	4	0 ~ 4294967295
uigned long	32	4	−2147483648 ~ 2147483647
float	32	4	±1.176E−38 ~ ±3.40E+38
double	64	8	±1.176E−38 ~ ±3.40E+38
一般指针	24	3	存储类型（1 字节）偏移量（2 字节）

有了这些数据类型，我们用变量去描述一个现实中的数据时，就应按需要选择变量的类型。对于 C51 来讲，不管采用哪一种数据类型，虽然源程序看起来是一样的，但最终形成的目标代码却大相径庭，其效率相差非常大。

如果不涉及负数运算，要尽量采用无符号类型，这样可以提高编译后目标代码的效率。我们编程时最常用到的是无符号数运算，因此为了编程时书写方便，我们可以采用简化的缩写形式来定义变量的数据类型。其方式是在源程序的开始处加上下面两条语句：

```
#define uchar unsigned char
#define uint unsigned int
```

这样在定义变量时，就可以使用 uchar uint 来代替 unsigned char 和 signed char。

五、C51 运算符

运算符在 C51 中与标准的 C 语言中并没有什么差异。C51 运算符如表 B4 所示。

表 B4　C51 运算符

算术运算符	+	加，一元取正
	-	减，一元取负
	*	乘
	/	除
	%	取模
	--	自减 1
	++	自加 1
逻辑运算符	&&	逻辑与
	||	逻辑或
	!	逻辑非
关系运算符	>	大于
	>=	大于等于
	<	小于
	<=	小于等于
	==	等于
	!=	不等于
位运算符号	&	按位与
	|	按位或
	^	按位异或
	-	按位取反
	>>	右移
	<<	左移

六、51 特殊功能寄存器及其 C51 定义

通过对变量的存储类型的定义，我们可以通过变量访问 MCS-51 系列单片机的各类存储器，但又通过什么方法去访问它的特殊功能寄存器呢？

1. 对特殊功能寄存器的访问

8051 单片机内有 21 个特殊功能寄存器（SFR），分散在片内 RAM 的高端，地址在

80H ~ 0FF 之间，对它们的操作，只能用直接寻址方式。为了能够直接访问 21 个特殊功能寄存器（SFR），C51 提供了一种自主形式的定义方法。

格式：sfr SFR 名=SFR 地址；

例：sfr TMOD=0x89;　　　　　//定时器方式寄存器的地址是 89H

　　sfr TL0=0x8A;　　　　　//定时器 TL0 的地址是 8AH

一般程序设计时，将所有特殊功能寄存器的定义放在一个头文件中，在程序的开始处用#include <头文件名>指明一下，在随后的程序中即可引用。

例：TMOD=0x12;　　　　　//将定时器 0 设置为方式 2，定时器 1 设置为方式 1

　　TL0=0X50;　　　　　//将时间常数 50H 赋给 TL0。

在 C51 中，对所有特殊功能寄存器的定义已放在一个头文件 REG51.H 中。因此只要在程序的开始处加上#include <reg51.h>语句，即可在 C51 中按名访问所有的特殊功能寄存器，不需要用户再用 sfr 定义。

2. 对于 SFR 的 16 位数据的访问

16 位寄存器的高 8 位地址位于低 8 位地址之后，为了有效地访问这类寄存器，可使用如下格式定义：

sfr16 16 位 SFR 名=低 8 位 SFR 地址；

例：sfr16 DPTR=0x82;　　//DPTR 由 DPH、DPL 两个 8 位寄存器组成

　　　　　　　　　　　　//其中 DPL 的地址为 82H

　　……

　　DPTR=0x1234;　　//将立即数 1234H 传送给 DPTR，相当于 MOV DPTR, #1234H

3. SFR 中的某位进行访问

MCS-51 单片机的特殊功能寄存器中，有 11 个寄存器的共 83 位具有位寻址能力，特点是其寄存器的地址为 8 的倍数。C51 通过特殊位（sbit）定义，可以实现对这些特殊功能寄存器的 83 个位直接进行访问。

sbit SFR 位名=SFR 名^i; (i=0 ~ 7)

例：sfr TCON=0x88;　　　//定义 TCON 寄存器的地址为 0x88

　　sbit TR0=TCON^4;　　//定义 TR0 位为 TCON.4，地址为 0x8c

　　sbit TR1=TCON^6;　　//定义 TR1 位为 TCON.6，地址为 0x8e

七、C51 的内部函数

C51 运行库提供了多个预定义函数，用户可以在自己的 C51 程序中使用这些函数。

C51 编译器支持许多内部库函数，内部函数产生的在线嵌入代码与调用函数产生的代码相比，执行速度快，效率高。常用的内部数如下：

1. _crol_(v，n)：将无符号字符变量 v 循环左移 n 位。
2. _cror_(v，n)：将无符号字符变量 v 循环右移 n 位。
3. _irol_(v，n)：将无符号整型变量 v 循环左移 n 位。
4. _iror_(v，n)：将无符号整型变量 v 循环右移 n 位。
5. _lrol_(v，n)：将无符号长整型变量 v 循环左移 n 位。
6. _lror_(v，n)：将无符号长整型变量 v 循环右移 n 位。
7. _nop_()：　　　 延时一个机器周期，相当于 NOP 指令。

以上内部函数的原型在 INTRINS.H 头文件中，为了使用这些函数，必须在程序开始时加上：#include <intrins.h>。

配套实验板介绍

与本书配套的单片机实验板实物图如图 C1 所示，可完成本书所有项目的实验，并可进行扩展。

图 C1　单片机实验板实物图

1. 电路原理图

单片机实验板电路原理图如图 C2 所示，主要外接电源供电电路及电源指示电路、AT89S51 单片机最小应用系统、8 个 LED 发光二极管、蜂鸣器及继电器接口、点阵显示模块、四位数码管显示电路、I/O 口按键接口、A/D 转换及红外、外部中断接口和串行口收发接口及串行口 ISP 下载接口等组成。

（1）外接电源供电电路。实验板供电为大于 7V 的交流或直流（直流可以不分正负，任意连接）电压，经桥式整流、电容滤波后，由集成三端稳压器 LM7805 输出稳定的+5V 电压，为实验板供电。

（2）AT89S51 单片机最小应用系统，是实验板的核心，是单片机系统的基本组成部分。由于 AT89S51 支持 ISP 下载功能，可以直接通过 ISP 下载将编译好的程序下载到单片机的程序存储器中，而不需要反复插拔芯片。

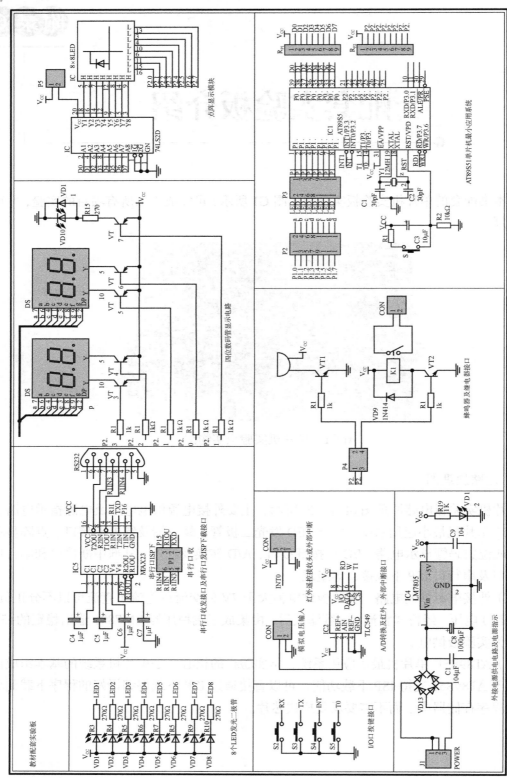

图C2 单片机实验板电路原理图

新编单片机技术应用项目教程（第2版）

（3）显示部分。显示部分主要由 8 个 LED 发光二极管、四位 LED 数码管和一个 8×8 的 LED 点阵模块构成，实验中可以通过跳线切换。

（4）串行口收发接口及串行口 ISP 下载接口。实验板巧妙地利用跳线切换方式，在只使用一个由 MAX232 组成的电平转换电路情况下，实现了单片机与 PC 的串行口的通信，能进行 ISP 下载。

（5）其他接口。实验板除了完成基本的实验外，还具有一些特殊的功能。比如可以进行模拟信号到数字信号的转换，也可以利用实验预留的插座进行温度传感器 DS18B20 的实验和红外遥控的接收解码实验。

2. 单片机实验板元件清单

单片机实验板所需元件的清单如表 C1 所示。

表 C1 单片机实验板所需元件的清单

代 号	名 称	规格	代 号	名 称	规格
R1	电阻	33Ω	VD1 ~ VD8,VD10 ~ VD12	发光二极管	φ5
R2	电阻	10kΩ	VD9	开关二极管	1N4148
R3 ~ R10,R18	电阻	270Ω	VD13	整流桥	2A
R11 ~ R17,R19	电阻	1kΩ	VDS1 ~ VDS2	两位共阳数码管	0.4"
RP1 ~ RP2	排阻	10kΩ	IC1	单片机	AT89S51
C1 ~ C2	瓷介电容	30pF	IC2	A/D 转换	TLC549
C3	电解电容	10μF	IC3	点阵模块	8×8LED
C4 ~ C7	电解电容	1μF	IC4	三端稳压器	LM7805
C8	电解电容	470μF	IC5	集成电路	MAX232
C9 ~ C10	瓷介电容	0.1μF	IC6	集成电路	74LS244
S1 ~ S5	轻触按键		VT1 ~ VT2	三极管	9013
RS232	串行插孔	DB9	VT3 ~ VT7	三极管	9012
J1	电源插孔		Y1（CY）	晶振	12MHz
K1	继电器	5V	P1 ~ P4	插针	
BUZZER	蜂鸣器	5V	CON1 ~ CON3	插座	

3. 元件布置图

实验板元件布置图如图 C3 所示。

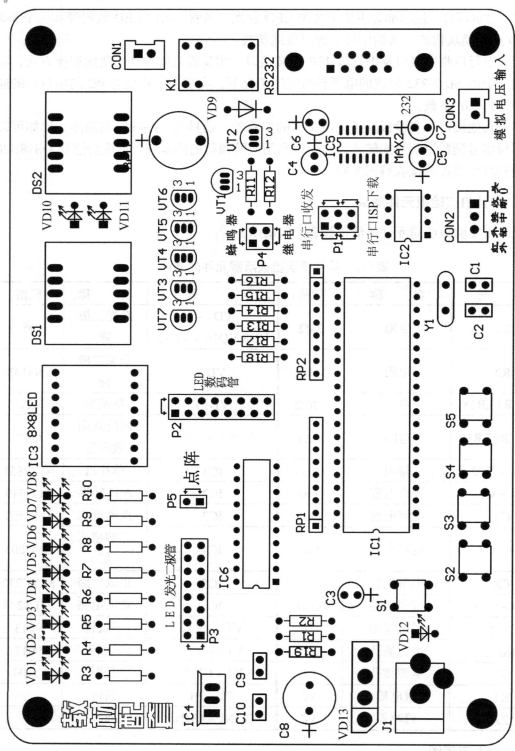

图C3 实验板元件布置图

参 考 文 献

[1] 陈光绒. 单片机技术应用教程. 北京：北京大学出版出版，2006 年.

[2] 张毅坤，陈善久，裘雪红. 单片微型计算机原理及应用. 陕西：西安电子科技大学出版社出版，1998 年.

读者意见反馈表

书名：新编单片机技术应用项目教程（第2版）

感谢您购买本书。为了能为您提供更多帮助，请将您的意见以下表的方式（可发 E-mail :yhl@phei.com.cn 索取本反馈表的电子版文件）及时告知我们，以改进我们的服务。**对收到反馈意见的读者，我们将免费赠送您需要的样书。**

个人资料

姓名_____ 电话_____ E-mail_____ 微信号_____

学校通信地址_____ 专业_____

所讲授课程_____ 所使用教材_____ 课时_____

您希望本书在哪些方面加以改进？（请详细填写，您的意见对我们十分重要）

_____

_____

_____

_____

_____

您还希望得到哪些专业方向教材的出版信息？

_____

您是否有教材或图书出版之类著作计划？如有可加微信号咨询：**nmyh1678**

_____

您学校开设课程的情况

本校是否开设相关专业的课程 □否 □是

本书可否作为你们的教材 □否 □是，会用于_____课程教学

谢谢您的配合，请发 E-mail :yhl@phei.com.cn 索取电子版文件填写。